豆科禾本科作物间作的根系互作与根分泌物变化及其根际效应

郑 毅 肖靖秀 著

科 学 出 版 社
北 京

内容简介

本书系统全面地介绍豆科禾本科间作的根系互作与根系分泌物的变化及其根际效应；重点阐述小麦蚕豆间作和玉米大豆间作系统根系互作下根系分泌糖、氨基酸、有机酸及酚酸的特征，根系有机酸分泌响应蚕豆枯萎病的初步研究，根系分泌物与根际效应的研究进展；最后对豆科禾本科间作的地下部研究进行展望。

本书理论联系实际，对教学、科研具有重要指导意义，可作为高等院校农业、林业等相关专业的教学参考书，也可为从事农作物多样性种植的研究人员和技术人员提供参考。

图书在版编目(CIP)数据

豆科禾本科作物间作的根系互作与根分泌物变化及其根际效应／郑毅，肖靖秀著. —北京：科学出版社，2024.3

ISBN 978-7-03-070684-3

Ⅰ. ①豆…　Ⅱ. ①郑…　②肖…　Ⅲ. ①豆类作物-禾谷类作物-间作-根系-研究②豆类作物-禾谷类作物-间作-根际效应-研究　Ⅳ. ①S501

中国版本图书馆 CIP 数据核字（2021）第 232294 号

责任编辑：武雯雯／责任校对：彭　映
责任印制：罗　科／封面设计：义和文创

科学出版社 出版
北京东黄城根北街16号
邮政编码：100717
http://www.sciencep.com

成都锦瑞印刷有限责任公司 印刷
科学出版社发行　各地新华书店经销
*

2024 年 3 月第　一　版　开本：B5（720×1000）
2024 年 3 月第一次印刷　印张：7 3/4
字数：154 000

定价：65.00 元

（如有印装质量问题，我社负责调换）

前　言

豆科禾本科间作是我国传统农业精华，是在当前脆弱生态环境下维持作物产量、保证粮食安全的重要农业措施。合理的豆科禾本科间作可以提高资源利用效率，促进生物固氮，降低病虫害，抑制杂草生长，提高土壤地力，是实现农田减肥减药、恢复土壤健康、实现资源节约和环境友好的农业生产模式之一。我国化学肥料和农药过量施用严重，由此引起环境污染和农产品质量安全等重大问题。2015 年中央一号文件明确提出农业发展“转方式、调结构”的战略部署，强化产学研协同创新，解决化肥农药减施增效的重大关键科技问题，保障国家生态环境安全和农产品质量安全，为促进农业可持续发展提供有力的科技支撑。因此，深入研究豆科禾本科间作增产、节肥、控制病虫杂草的机制，既是满足我国当前农业生产实际的需求，又是实现农业可持续发展的需要。

本书以西南及华南地区普遍存在的小麦蚕豆间作和玉米大豆间作为研究对象，解析了豆科和禾本科间作根系互作下根系分泌物的特征，对根系分泌物主要成分糖、氨基酸、有机酸、酚酸的根际效应进行深入探索，明晰了豆科禾本科间作下的根系互作-根系分泌物-根际效应，在间作系统的地下部研究中具有方法应用的创新性。

在编写过程中，作者参阅和引用了国内外诸多学者的研究成果，在此向他们表示真诚的感谢和敬意。本书依托郑毅主持的国家自然科学基金项目“豆科禾本科间作的根系互作对根系分泌物的影响(31260504)”和“氮对间作作物黄酮类根分泌物的影响及其调控结瘤的机制(31460551)”，在博士学位论文(《小麦//蚕豆的根系分泌物特征及其对蚕豆枯萎病菌的响应》)及硕士学位论文(《不同生育期大豆玉米间作作物根系分泌物和养分吸收特征》)的基础上进一步完善形成。本书的完成基于云南农业大学间套作养分资源高效利用课题组在豆科禾本科间作系统方面 10 余年的研究成果，先后有 10 余名博士研究生和硕士研究生参与相关的研究工作，在此表示衷心感谢。本书的完成还得到云南农业大学间套作养分资源高效利用课题组、云南农业大学农业资源利用重点学科、农业农村部云南耕地保育科学观测实验站、西南林业大学高原湿地重点实验室的支持，在此一并致谢！

由于作者水平有限，本书中难免存在疏漏或不足之处，敬请各位专家和广大读者批评指正。

目　录

第1章 研究背景

1.1 间作作物的根系互作对根系分泌物的影响

根系分泌物是一个复杂的多组分非均一体系，根系释放的各种有机物是根系分泌物的主要组成部分。植物一生中通过光合作用固定的碳有5%～21%通过根系分泌物转移到根际中(Marschner，1996)。生长在土壤中的植物整个生育期释放到根际中的有机碳总量甚至比收获时根中储存的有机碳总量高一倍(Lynch and Whipps，1991)。间作利用物种在养分(资源)利用方面存在时间、空间及形态上的差异以提高养分利用效率，同时也影响作物根系分泌物的数量和种类。小麦玉米间作后根系分泌物中有机酸的种类明显增加，而植株地上部和根系中有机酸的种类和数量却有所降低(郝艳茹 等，2003)。茶柿间作减弱了茶树分泌有机酸、酚酸的能力，增加了氨基酸分泌量(朱海燕 等，2005)。部分对豆科禾本科间作系统的研究也表明间作改变了根系分泌物的数量。鹰嘴豆与小麦、玉米间作，其根系也分泌出较多的酸性磷酸酶，改善了与之间作的小麦和玉米的磷营养(Ågren and Franklin，2003；Bertin et al.，2003)。在玉米花生间作条件下，玉米根系分泌物对花生根系形态和根际微生物种群和数量的影响对改善花生铁营养起到重要的作用(Zuo et al.，2003)。玉米蚕豆间作根际分泌出更多的质子促进了磷的活化，并通过根系相互作用促进玉米从土壤中获得磷。玉米大豆间作则没有降低根际pH(Li et al.，2001；2007)。在环境胁迫时，大部分豆科作物会通过各种反应来影响作物对养分的吸收，如鹰嘴豆、苜蓿、豌豆等释放大量的有机酸和质子，降低根际pH，活化土壤磷，从而提高植物对磷的吸收。苜蓿与小麦间作，苜蓿通过分泌有机酸和质子降低根际pH，提高小麦对磷的吸收。豌豆与高粱间作通过分泌番石榴酸螯合三价铁离子促进铁-磷的释放。小麦、玉米、大豆套作小麦根系分泌有机酸总量和可溶性糖含量增加，边行小麦分泌量最高，有机酸组分发生改变(雍太文 等，2010)。

总之，根系分泌物与根际土壤养分有效性密切相关。合理间作在提高粮食产量、提高资源利用效率方面具有显著的作用(Fridley，2001；Callaway，2007；Phillips et al.，2004)。在间作系统中，根系分泌物与根际养分的活化、吸收密不可分。

1.2 根系分泌物的研究现状

1.2.1 根系分泌物的种类及分泌机制

自 1904 年德国微生物学家希尔特纳(Hiltner)提出根际的概念以来，根系分泌物逐渐成为人们关注的焦点。特别是最近十几年来，伴随着现代仪器分析方法的飞速发展，根系分泌物的研究再次成为热点。

1.2.1.1 根系分泌物的种类

根系分泌物是指在一定生长条件下，活的且未被扰动的根系释放到根际环境中的有机物质的总称(Rovira，1969)。根系分泌物既有来自植物组织器官的释放产物，又有各类根系的分解产物和脱落物。因此，根系分泌物大致可分为渗出物、分泌物和分解物(高子勤和张淑香，1998)，其中包括各种离子、氧、水、酶等，但还是以含碳化合物为主(Bertin et al.，2003)。在植物的生长过程中，根新陈代谢分泌出的有机物大多是植物的次生代谢产物(严小龙和张福锁，1997)。目前，人们已知的根系分泌物种类有 200 多种，按照分子量可分为两类：高分子量分泌物和低分子量分泌物。其中，高分子量分泌物主要包括黏胶和胞外酶；低分子量分泌物主要包括糖、有机酸、酚及各种氨基酸等。有学者将酚酸类物质归入有机酸类，也有人把它归入酚类。目前已经发现的根系分泌物种类和组分见表 1-1。

表 1-1 根系分泌物的种类和组分

种类	组分
糖类	葡萄糖、果糖、半乳糖、鼠李糖、核糖、木糖、低聚糖、棉子糖、阿拉伯糖
氨化物	天门冬氨酸、α-丙氨酸、谷氨酸、亮氨酸、异亮氨酸、丝氨酸、甘氨酸、胱氨酸、半胱氨酸、醛氨酸、苯丙氨酸、脯氨酸、色氨酸、精氨酸、高丝氨酸
有机酸	酒石酸、草酸、柠檬酸、苹果酸、乙酸、丙酸、丁酸、琥珀酸、延胡索酸、戊酸、羟基丁酸
脂肪酸、固醇	软脂酸、硬脂酸、油酸、亚油酸、菜油固醇、豆腐醇
生长物质	生长素、尼克酸、维生素 B_1、泛酸、胆碱、肌醇、甲胺
核苷酸、黄酮和酶	黄酮、腺嘌呤、鸟嘌呤、尿嘧啶、胞嘧啶、磷酸酶、转氨酶、淀粉酶、蛋白酶、多聚半乳糖醛酸酶
其他化合物	植物生长素、香豆素、荧光物、氢氰酸、有机磷化物、线虫吸引物、寄生植物种子萌发促进物

此外，按照根系分泌物的性质可把分泌物分为普通分泌物和专一性分泌物。普通分泌物是指大部分植物共有的、分泌的一类化合物(涂书新 等，2000)；专一性分泌物是指某类特殊物质或在特定环境条件下分泌的一类化合物(张福锁和曹一平，1992)。

1.2.1.2 根系分泌的机制

根系不同部位分泌的物质在种类和数量上存在差异。其中，根系分泌物释放的部位主要集中在根的顶端区域，包括根冠区、分生区、伸长区和根毛区。分生区的分泌作用较弱，分泌物较少；伸长区是主要的分泌部位。而根冠细胞易脱落，往往是形成黏胶层的主要部位(沈宏，1999)。

一般认为，根系的分泌主要是通过扩散、离子通道、囊泡运输 3 种方式进入介质。低分子量有机化合物如有机酸、酚类、水、无机离子等都是顺着浓度梯度，通过主动扩散进入根际。根系分泌物中的氨基酸和糖类也主要是以扩散的方式进入根际，尤其在胁迫条件下，扩散分泌的比例会增加。然而，在养分胁迫条件下，部分碳水化合物如柠檬酸、苹果酸、草酸等的分泌量较大，此时不能通过根细胞膜进行扩散作用，只能通过离子通道来调节根系的分泌。对于高分子量的分泌物如黏胶和蛋白质，则主要是通过囊泡运输进入介质(张福锁和曹一平，1992；Jones et al.，1994)。

1.2.2 影响根系分泌物变化的因素

根系分泌物的数量和组分存在很大差异，主要受植物种类和环境因素的影响。

1.2.2.1 植物种类和年龄

不同的物种、同一物种不同的品种，根系分泌物的种类和数量差异较大(Brady and Weil，1996；Brimecombe et al.，2001)。就根系分泌量而言，豆科作物＞禾本科(Marschner，1996)。其中，豆科作物根系分泌量表现为：鹰嘴豆＞花生＞木豆＞大豆。从分泌物种类来看，豆科作物根系分泌物中氨基酸、脂肪酸类较为常见(牟金明等，1996)，而禾本科作物的分泌物中碳水化合物类居多。就有机酸的分泌来看，白羽扇豆和苜蓿主要分泌的有机酸是柠檬酸；鹰嘴豆主要分泌柠檬酸和苹果酸；花生主要分泌琥珀酸；小麦、玉米、油菜等主要分泌苹果酸(陆文龙 等，1999；吴蕾 等，2009)。周丽莉(2005)的研究也表明，蚕豆、大豆和玉米根系有机酸分泌种类和数量明显不同。此外，喜钙植物分泌的二羧酸和三羧酸的量明显高于喜酸植物，其中柠檬酸的分泌量高出喜酸植物一个数量级，而喜酸植物分泌的乳酸则是喜钙植物的 3 倍多(Tyler and Ström，1995)。

不同基因型植物，其根系分泌物的组成及数量也有很大差异。1962 年巴克斯顿(Buxton)的研究表明抗感品种生化性质的差异可通过根系分泌物反映出来。玉米感病品种分泌的总糖、还原糖、蔗糖均高于抗病品种(刘晓燕 等，2008)；抗性不同的黄瓜品种分泌氨基酸的数量和种类也有较大差异(潘凯和吴凤芝，2007)。不同大豆品种，其根系分泌物中有机酸和酚酸的数量与种类也有较大差异(张俊英 等，2007)。王戈(2012)对不同抗性品种的烤烟根系分泌物进行分离鉴定，也得到相同的结果。

同一作物在不同的生育期，其根系分泌物也有所不同。Garcia 等(1997)研究发现，根系分泌与根系的生长密切相关。在植物的不同生长阶段，根系分泌量也不同。植物幼苗期的分泌量往往较少，随着生育期的推移，分泌量逐渐增加，至成熟期又降低(Aulakh et al.，2001)。玉米根系分泌物在不同生育期蛋白质与总糖含量有明显差异。培养 30 d 的玉米根分泌物对固氮菌产生的正效应比培养 7 d 的玉米根分泌物明显得多(Pérez and Ormeño-Nuñez，1991)。

1.2.2.2 植物矿质营养

大量研究证实，植物矿质养分丰缺状况直接影响根系分泌物的种类和数量。其中，磷、铝胁迫条件下的相关研究最多。大部分作物在缺磷条件下，有机酸分泌量显著增加(Shen et al.，2011)，如磷胁迫能促进紫云英分泌有机酸，促进难溶性磷的活化。木豆在磷胁迫时，主动分泌番石榴酸；白羽扇豆则会形成排根，并大量分泌柠檬酸，促进难溶性磷的活化。在铝胁迫条件下，氨基酸和糖类的泌出量随铝离子浓度的升高而增加(贺根和 等，2010)，同时根系会分泌大量的柠檬酸和苹果酸，特别是豆科作物有机酸(尤其是柠檬酸)的分泌。目前人们已经发现，苹果酸和柠檬酸的大量分泌缓解了铝的毒害作用(Rengel，2002；刘鹏 等，2008)。此外，在铝毒或磷胁迫条件下，黏胶类物质、酸性磷酸酶等的分泌量也会随之增加(Horst et al.，1982)。

其他养分元素的缺乏也会诱导根系分泌特性的改变。例如，植物缺铁时将加强根系质子的分泌，且在根尖积累有机酸和有机物，尤以酚类化合物居多(高子勤和张淑香，1998)。此外，缺锰、缺铜、缺锌会导致植物氨基酸、有机酸、酚酸的分泌量增加(Xu et al.，2007)。Li 等(2010)还发现氮、磷、钾、铁同时胁迫条件下，根系分泌物中氨基酸、糖、有机酸的种类和数量均发生了较大改变。

在养分胁迫条件下，部分植物还会分泌专一性分泌物，其中，最典型的例子是禾本科植物在铁胁迫条件下会分泌铁载体——麦根酸，改善作物的铁营养。

1.2.2.3 根系形态

作物根系的生长状况对地上部的生长有非常重要的影响，不同的根系类型和根系形态对植物吸收利用养分有决定性影响。根系形态不仅会受到生长环境中可利用资源的影响，邻近植物根系释放的未知根系分泌物对根系形态也会产生影响（Tückmantel et al.，2017）。植物根系可以利用根系分泌物来识别邻近的障碍物并进行规避，抑制自身根系的生长（Falik et al.，2005）。人们在玉米大豆间作系统中发现根系能够识别土壤磷的状况、玉米根系能识别与之间作的大豆（Fan et al.，2006）。人们在小麦玉米间作（郝艳茹　等，2003；Li et al.，2006）、玉米豇豆间作（Li et al.，2004）、玉米鹰嘴豆间作（Li et al.，2004）、玉米蚕豆间作（Zhang et al.，2012）、大豆玉米间作（Fan et al.，2006）中均发现种间根系相互作用使作物的根系分布和根系形态发生了改变，这些根系分布和形态的变化都利于植物更好地吸收土壤养分。所以根系作为感应环境刺激、从邻近植物获取信号的主要器官，其分布和形态的改变必然与“根-根”对话中的“语言”——根系分泌物有直接关系。

1.2.2.4　耕作方式

近年来，人们在连作、轮作、间作套种的研究中发现，种植方式也影响根系分泌物的种类和数量，其中连作条件下的研究最多。在瓜类、豆类等作物的连作田块中均发现，连作种植导致自毒物质累积，造成连作障碍（高子勤和张淑香，1998；张淑香和高子勤，2000；张淑香　等，2000）。

间作套种在养分（资源）利用方面存在时间、空间及形态上的差异，以提高养分利用效率，同时也影响作物根系分泌物的数量和种类。例如，当重金属超累积植物小花南芥与蚕豆间作后，小花南芥根系可溶性糖的分泌量减少 68%，游离氨基酸和总有机酸的分泌量分别提高 58%和 5.8 倍（Li et al.，2019）。而在旱作水稻西瓜间作（Hao et al.，2010）、玉米大豆间作（Gao et al.，2014）系统中，人们发现间作改变了根际酚酸的种类和含量，从而降低了西瓜、大豆等土传病害的发生率。在玉米蚕豆间作体系，玉米和蚕豆的种间竞争促进了蚕豆根系分泌更多的质子，降低根际 pH，促进了难溶性磷的活化（Li et al.，2007）；同时，与单一种植相比，间作还促进了黄酮类物质——染料木素的分泌，提高了蚕豆的结瘤固氮能力（Li et al.，2016）。综上，在间作套种体系中，当前的研究主要从种间相互作用调控根系分泌物影响根际微生态环境等方面开展研究。

总之，对部分间作模式的研究发现，间作种植改变了根系分泌特性，但是系统探讨间作条件下根系分泌物数量及种类变化的研究还较少。在小麦蚕豆间作系统中，不同生育期、不同种间互作条件下根系分泌物种类和数量的动态变化特征还未见相关报道。

此外，土壤特性如土壤通气性、湿度、酸碱度、土壤颗粒、土壤紧实度（刘洪升　等，2002）、植物损伤、机械阻力（沈宏和严小龙，2000）、光照温度等的改变，微生物及有机肥的施用（张志红等，2011）等均会造成作物根系分泌物的改变。

1.2.3 根系分泌物的根际微生态效应

根系分泌物是植物与土壤进行物质、能量、信息交流的重要媒介，也是根际微生态系统中的有机枢纽(申建波 等，1998)。根系分泌物不仅是保持根际微生态系统活力的关键因素，也是根际微生态系统中物质迁移和调控的重要组成部分(张福锁，1992)。根系分泌物起着“语言”的作用，协调根系之间或根系与土壤生物之间的生物和物理相互作用(李春俭 等，2008)。

根系分泌物首先通过对土壤中矿质元素的溶解、螯合、迁移和活化等作用，提高矿质营养元素的有效性，同时降低根际中金属污染物的活性。其次，通过影响根际微生物及其周围其他植物的生长，进一步改善植物的生态环境。因此，根系分泌物不仅影响土壤养分的生物活性、有效性、微生物数量及其动态变化，还直接影响作物的产量。

1.2.3.1 根系分泌物与根际矿质营养

根系分泌物通过改变土壤的物理化学特性来提高或降低土壤养分的有效性。早期研究已经证实根系分泌的质子和有机酸可以促进难溶性磷的活化，提高土壤磷的有效性(Gardner et al.，1983；Otani et al.，1996)。近 20 年的大量研究也证实，部分根系分泌物在根际中充当着金属螯合剂的作用，从而提高根际土壤养分的有效性，也包括很多微量元素(如铁、锰、铜、锌等)的有效性(Dakora and Phillips，2002)。其中最典型的例子就是麦根酸提高了铁的有效性(Römheld and Marschner，1986)。刘文菊等(1999)的报道也证实，缺铁水稻根系分泌物和缺铁小麦根系分泌物均能活化水稻根际的难溶性硫化镉，促进水稻对镉的吸收运输。

在根系分泌物与根矿质营养的研究中，根系分泌物与土壤磷有效性方面的研究报道最多。在环境胁迫时，大部分豆科作物会通过各种反应来影响作物对养分的吸收，如鹰嘴豆、苜蓿、豌豆等释放大量的有机酸和质子，降低根际 pH，活化土壤磷，从而提高植物对磷的吸收。植物在磷胁迫条件下，根系分泌酸性磷酸酶成为其适应磷胁迫的首要反应。一方面，酸性磷酸酶可促进植物体内有机磷的重复利用；另一方面，根系分泌物中的酸性磷酸酶可促进土壤中有机磷的矿化和分解。因此，酸性磷酸酶对植物吸收磷素营养有重要的作用。Li 等(2007)对间作系统的研究也发现，间作之所以提高了石灰性土壤磷的有效性，是因为其促进了酸性磷酸酶的分泌。

根系分泌物对改善植物根际的矿质营养状况有积极作用。尤以低分子量有机酸对矿质养分的活化作用最为突出。研究表明，低分子量有机酸可溶解和活化一些难溶性矿物，尤其对活化土壤中的难溶性磷有重要作用(陆文龙 等，1999)。例如，生长在石灰性土壤上的白羽扇豆，缺磷胁迫下形成特殊簇状排根，并分泌大量的柠檬酸，其活化的磷足以满足白羽扇豆对磷的需要(张福锁和曹一平，1992)。根系分泌物中低分子量有机酸通过电离氢离子、配位交换作用及还原作用可溶解和转化一些难溶性矿物达到养分释放，从而增加矿质养分的生物有效性(庞荣丽 等，2007；章爱群 等，2009；龚松贵 等，2010)。如Ae等(1990)发现木豆能分泌对铁具有很强螯合能力的番石榴酸和甲氧苄基石酸，通过螯合铁减少对磷的固定。油菜在缺磷条件下其根系分泌物中含大量的柠檬酸和苹果酸，因而其利用难溶性磷的能力较强。

此外，根系分泌的有机酸还能活化土壤中难溶性矿物中的微量元素，并可降低酸性土壤中的铝毒。在酸性土壤中，柠檬酸可活化土壤中的2价阳离子和3价阳离子，对铝的活化仅在pH小于5.5时才会发生。在缺磷的石灰性土壤中，白羽扇豆分泌的柠檬酸可提高根际土壤中铁、锰和锌的有效性(陆文龙 等，1999)。在养分胁迫时，有些具有较高养分利用效率和较强抗逆性的植物，根系分泌物的成分和数量会产生急剧变化以适应环境。

1.2.3.2　根系分泌物与根际微生物

根系可以向环境中释放大量的有机化合物，因此根际及根表面的微生物种群密度和种类要明显高于非根际土壤。根系分泌物除了可以影响根际微生物的种群数量外，还可以通过改变根系分泌物成分来控制根际微生物种类，进一步影响根际某些微生物的种群密度和种类。同时，根系分泌物作用于周围环境形成根际，产生根际效应，而根际微生物又会对根系分泌物起到修饰限制作用，因此根系分泌物与根际微生物之间的关系是相互的。

人们最早鉴定到的根系分泌物种类主要是氨基酸和碳水化合物类(Marschner，1996)，因此早期的研究主要是探讨碳水化合物与根际微生物之间的关系。研究证实，分泌物越多，微生物生长越旺盛，尤其是细菌的数量大幅度增加(涂书新 等，2000)；而根系分泌物的种类决定了根际微生物的种类，同时根系分泌物对微生物的代谢及生长发育也有一定的影响(Martinez-Toledo et al.，1988)。例如，需要有机酸和糖类较多的微生物，大多繁殖于禾本科植物的根区，而需要氨基酸较多的微生物则多繁殖于豆科作物的根区。

根系分泌物不仅为根际微生物提供其所需的能源和碳源(Cheng et al.，1996；Qian et al.，1997)，而且在植物-微生物的互作过程中起到了“语言”的作用(李春俭 等，2008)。其中最典型的例子是，豆科作物分泌的黄酮类物质能诱导根瘤菌结瘤，当然结瘤基因的形成与否取决于根系分泌物中黄酮的浓度(Scheidemann and Wetzel，1997)。然而，大部分情况下，根系分泌物对根际微生物的作用并非都如豆科作物和根瘤菌之间形成共生关系，它们多是松散的、有特异性的，主要是促进革兰氏阴性无芽孢杆菌在根际累积(刘洪升 等，2002)。

根系分泌物除了促进微生物的生长发育外，也会抑制微生物的生长。目前，这方面的研究大多集中于酚类化合物。其中，受关注比较多的酚类化合物有黄酮、类黄酮及酚酸类。豆科作物根系分泌物中黄酮及类黄酮类化合物与根瘤形成有关，在豆科作物中相关方面的研究较多。黄酮类物质是一类对植物有毒的物质，其分解产物也具有毒性。20 世纪 70 年代人们就发现，类黄酮不仅抑制细菌生长，而且抑制种子萌发(Rice and Pancholy，1974)，说明不同种类豆科作物分泌的黄酮类物质的诱导效应差异较大(Kuiters and Denneman，1987)。

酚酸被普遍认为是作物生长的抑制剂(Patrick，1971；Bais et al.，2006)，因为酚酸类物质能抑制微生物产生气体与挥发性脂肪酸，并且减少微生物对其生长介质的消耗。目前，从根系分泌物中发现的酚酸类物质如阿魏酸、氢氰酸、苯甲酸、肉桂酸等都对土壤微生物生长起抑制作用。它们中大部分是三羧酸循环的中间体，对根际 pH、根际微生物的活力影响很大(朱丽霞 等，2003)。如野燕麦根系分泌物中的对羟基苯甲酸、香草酸、香豆素等对春小麦胚根与胚芽生长有明显的抑制作用。

1.2.4 根系分泌物的研究方法

根系分泌物的收集方法多种多样，包括水培收集法、基质培收集法、土培收集法以及循环水收集法(严小龙，2007)。收集装置相对简单的方法是水培收集法，这种方法可以在任意时间段对植物特定生长期的根系分泌物进行收集及分析，但很难做到在严格无菌的条件下进行操作，而水培条件下的植物与自然条件下的植物所处的生理条件有着很大的不同。如介质中养分含量、微生物种类、pH、通气状况、对根的机械阻力等都有所不同。因此，水培收集法收集的根系分泌物只能代表水培条件下的植物分泌特征。基质培收集法常用的基质有石英砂、玻璃珠、蛭石和琼脂等。石英砂、玻璃珠的主要成分是二氧化硅，其惰性很强，这两种介质不会与根系分泌物中的各种有机组分进行化学反应，并且植物根系在土壤中的机械阻力也能被很好地模拟，通气效果也很好。大多数基质培收集法都没有办法做到严格无菌，石英砂或玻璃的表面容易生长青苔，干扰了对植物根系分泌物的鉴定。土培收集法是操作最为繁杂的收集方法之一。由于有土壤机械阻力的作用，根系分泌物的分泌量往往会比水培条件下的分泌量大得多。土培收集法的缺点是土壤中微生物种类繁多，数量庞大，对根系分泌物存在分解作用，但最能反映植物田间自然条件下的分泌情况。土培收集法在根系分离的过程中极易对根系造成损伤，因此会收集到根系的伤流液和内含物。循环水收集法只适合几株植物的收集，并不能得到较多的样本数。其利用不断循环的营养液流经 XAD-4 离子交换树脂，分析分泌物中被吸附的特定组分，无机营养离子不受树脂吸附的影响，之后洗脱离子交换树脂，就可以得到根系分泌物的特定组分。

由于土壤中的各种微生物会对根系分泌物有所降解，并且根系分泌物本身成分复杂并且含量低，根系分泌物的研究方法一直是植物营养学与土壤科学的研究热点和难点(涂书新 等，2000)。尽管根系分泌物的收集、分离及鉴定方法不断地被创新，但这些方法或多或少还存在以下不足之处(涂书新 等，2000)。①在实验室条件下，植物生长与其在自然环境条件中的生长存在较大差别。②实验室条件如土壤微生物群落、昆虫等小动物以及土壤本身等与自然条件下对植物根系生理代谢的影响有所不同。③在收集根系分泌物时极易对枝叶及根系产生扰动甚至损伤，使实验结果与自然环境下的结果产生较大偏差。收集根系分泌物之后，由于样品的有限性以及含量低的限制性，要分离纯化的一般只是其中某一类型的根系分泌物，对于其他类型的根系分泌物往往不能进行分析或分析得不够充分。④由于所用鉴定方法的局限性，在要鉴定的所纯化的那部分物质中，仍然存在不少成分至今无法被准确鉴定的问题。

因此，根系分泌物的研究今后应创新和改进根际研究的方法，并能模拟更接近植物在自然环境下的根际环境，需要设计更少扰动根系自然生长的原位收集方法。根据研究目的的不同，有时需要设计更可靠的无菌收集装置以尽量排除各种微生物干扰。另外，要利用和汲取新型的现代精密检测仪器及分析方法，发展并完善根系分泌物的分离纯化与鉴定技术。

综上，根系作为植物个体与微生态环境相互作用的直接载体，其分泌物在这种相互作用中起着传递信息的作用，对于植物主动适应和抵御各种不良环境具有重要意义(Bais et al.，2004)。在“根-根”“根-微生物”“根-土”系统中，根系分泌物均发挥着重要作用。

1.3 间作根系分泌物研究的重要性

间作在传统农业和现代农业中都有重要贡献，是维持农田生态系统稳定性的重要途径。大量研究表明，间作能高效利用光、热、水、肥等资源，提高作物群体抗逆性，具有显著的高产稳产特性，是发展中国家解决粮食安全问题的重要途径(Zhu et al.，2000；Tilman et al.，2001，2002；Li et al.，2007)。随着全球人口剧增，粮食安全问题越来越受到关注，充分了解物种间的竞争和互惠作用及其互作机制，对于利用物种多样性原理提高生态系统生产力和稳定性具有重要的指导作用。豆科禾本科间作在我国分布面积广泛，在提供粮食和维持氮素平衡方面具有重要作用(Li et al.，1999)。已有的研究充分表明豆科禾本科间作作物种间具有根际互惠作用，间作可以促进豆科作物固氮优势的发挥，提高与之间作作物氮素的吸收利用，提高氮肥利用率(Xiao et al.，2004；Fan et al.，2006)。此外，豆科禾本科间作也促进了作物对磷、钾、铁、锰、锌等元素的吸收利用(Zuo et al.,2000),最终表现为间作产量优势的形成,其中地下部根系互作对间作产量优势形成的贡献达 30%左右 (Zhang et al., 2001)。

根系分泌物是根际效应的内在因素(申建波 等,1998),长期以来人们对根系分泌物的分泌部位、分泌机制、数量和种类做了大量研究,但是关于间作系统种间互作对根系分泌物的影响研究还较少,特别是地下部根系互作对根系分泌物影响方面的研究几乎未见报道。小麦蚕豆间作、玉米大豆间作是华南以及西南地区作物生产中最普遍的种植模式,生产实践表明其可以显著提高养分资源利用效率、作物抗病性和作物产量(肖靖秀 等,2006;Chen et al.,2007;郑毅和汤利,2008),在粮食安全生产中起到十分重要的作用。因此,深入探讨小麦蚕豆间作、玉米大豆间作作物的地下部根系互作对根系分泌物的影响,对充分掌握豆科禾本科作物种间根系互作,进一步揭示豆科禾本科作物间作根系互作的地下部生物学机制十分重要。对阐明豆科禾本科间作提高作物养分利用效率和产量,提高农田生态系统生产力和稳定性具有重要意义。

大量的研究结果和生产实践表明,豆科禾本科间作在提高粮食产量、提高资源利用效率方面具有显著的作用(Fridley,2001;Callaway,2007)。近年来,对豆科禾本科间作的研究大多从地上部光热资源的研究转向地下部根际过程的研究,而要了解根际过程,必然要了解根系分泌物及其变化。大量资料表明,豆科禾本科间作系统中,禾本科作物的氮阻遏效应提高了豆科植物的结瘤固氮作用(Li et al.,2004;2006)。禾本科作物氮素竞争能力越强,豆科作物结瘤能力也越强;间作作物种间根系相互作用越强,就越有利于豆科作物结瘤的产生(苗锐 等,2009)。对玉米大豆、小麦蚕豆间作系统中的大量研究均证实间作显著提高了根际土速效氮、磷、钾含量(郑毅和汤利,2008;王宇蕴,2010),显著提高了养分的吸收利用效率(肖靖秀 等,2006),特别是小麦蚕豆间作提高了间作作物的氮累积量和氮吸收速率,氮素吸收高峰也发生了改变(赵平 等,2010a;2010b)。豆科作物分泌的黄酮类物质能诱导根瘤菌的结瘤,小麦蚕豆间作的研究表明蚕豆根瘤数、根瘤重量均显著提高(周照留 等,2007),但根系分泌物的数量和组成在其中的变化尚不清楚。

1.4 研究目的与意义

综上,豆科禾本科作物间作具有显著的根际互惠作用,但是在豆科禾本科作物间作共生期间,不同生长发育阶段种间竞争、补偿机制不同,其地下部根系互作也不同。小麦蚕豆、玉米大豆间作共生期较长,几乎同种同收。因此,在豆科作物根瘤尚未形成的苗期、根瘤大量形成期至成熟期，豆科作物与禾本科作物地下部根系互作如何？其根系构型会发生怎样的变化？在整个生育期，间作作物根系分泌物的动态变化情况、分泌物数量和组成特征都需要进行系统研究。

本书以华南和西南地区分布较为广泛的小麦蚕豆间作、玉米大豆间作为研究对象，研究在整个生育期中豆科禾本科间作作物地下部根系互作对根系分泌物的影响及其机制，对进一步理解豆科禾本科作物间作的地下部生物学机制十分重要，对揭示豆科禾本科作物间作提高养分利用效率，提高农田生态系统生产力和稳定性具有重要意义。随着植物营养学、土壤学、微生物学、生态学、环境科学及分子生物学等多个学科领域在植物根际研究中的交叉融合和不断深入，系统分析植物根系分泌物的变化也是深入理解植物-土壤-微生物及其与环境互作过程的基础和关键，对实现资源节约、环境友好的农业可持续生产具有重要意义，对促进上述学科的交叉融合，产生新知识、新理论也有重要作用。

1.5　技 术 路 线

本书研究的技术路线如图 1-1 所示。

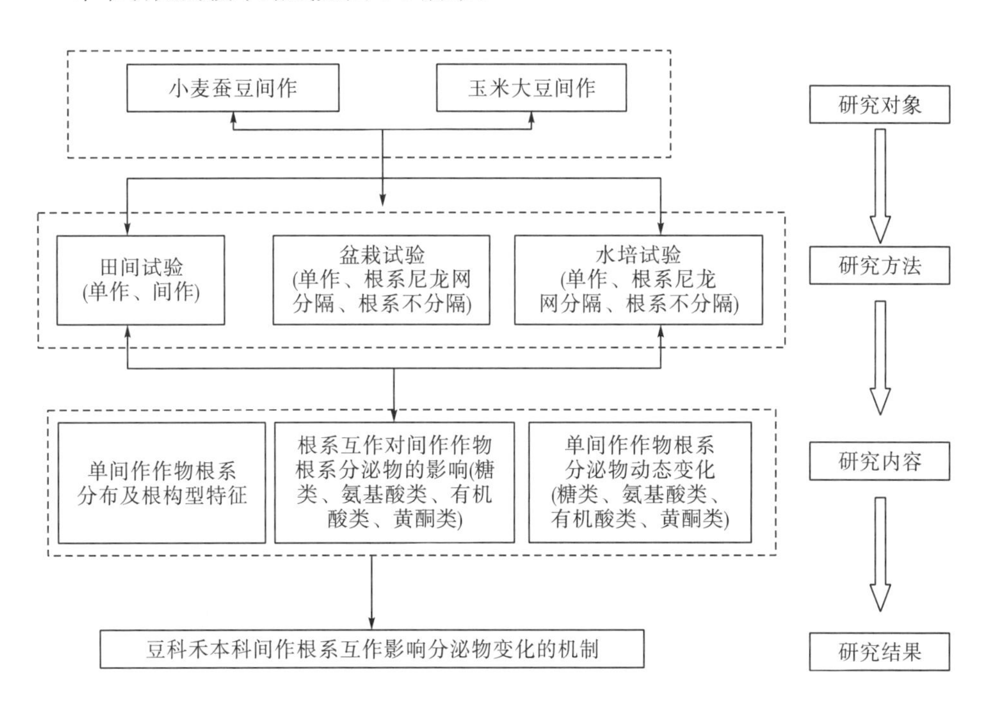

图 1-1　采取的技术路线

第 2 章　材料与方法

研究分别在西南林业大学格林温室、云南农业大学温室和云南农业大学后山试验农场完成。

2.1　小麦蚕豆间作试验

供试品种为小麦［云麦 42（*Triticum aestivum* L.cv Yunmai.42］和蚕豆［云豆 8363（*Vicia faba* L cv Yundou 8363）］。种子由云南省农业科学院提供。

2.1.1　田间试验

供试土壤前作为水稻土，基本农化性状为：pH 为 7.36，有机质含量为 12.21 g/kg，碱解氮含量为 173.88 mg/kg，速效磷含量为 74.68 mg/kg，速效钾含量为 159.11 mg/kg。

2.1.1.1　试验设计

试验采用小麦单作（M）和小麦与蚕豆间作（I）两种种植模式。间作带内种植小麦 6 行，行距为 0.20 m；种植蚕豆 2 行，行距为 0.30 m，株距为 0.30 m。小麦和蚕豆单作行距和株距与间作相同。小麦单作每小区种植 17 行，蚕豆单作每小区种植 12 行。小区面积为 5.4 m×6.0 m，每处理重复 3 次，随机排列。

2.1.1.2　田间管理

施肥用量按照氮肥（N）225 kg/hm^2、磷肥（P_2O_5）75 kg/hm^2、钾肥（K_2O）75 kg/hm^2 施用。小麦 1/2 氮肥和全部磷钾肥基施，1/2 氮肥在小麦拔节期追施。蚕豆的磷钾肥用量与小麦相同，不施氮肥。

2.1.1.3　样品采集与分析

在孕穗—抽穗期和乳熟—灌浆期分别按 10cm×10cm×10cm 方格采集植株正下方的根系及土样，分别记作 A 层、B 层、C 层，将带有根系的土倒入 0.25 mm 的土壤筛中，置于水盆中浸泡 1 h 左右，挑出植物根系，置于封口袋内，于−20 ℃

冰柜内保存。

根系用去离子水冲洗后，在 EPSON (Canada) 根系扫描仪上用透视扫描法扫描小麦根系，用计算机图像分析软件 WinRHIZO 处理图像，计算根长、根直径、根表面积、根体积等，对根系形态参数进行分析。扫描后的根系样品置于信封内烘干称重。

根长密度 (root length density，RLD) (cm/cm^3)：指单位体积土壤内根的长度。

根表面积 (root surface area，RSA) (cm^2/cm^3)：指单位体积土壤内根的表面积。

根体积 (root volume，RV) (cm^3/cm^3)：指单位体积土壤内根的体积。

根平均直径 (root average diameter，RAD) (mm)：指单位体积土壤内根的直径加权平均值。

2.1.1.4　数据处理与分析

数据用 Microsoft Excel 2003 整理后，用 SAS Institute 在 0.05 水平进行方差分析，并用最小显著性差异法 (least-significant difference，LSD) 进行多重比较。

2.1.2　土培试验一

供试土壤采自云南农业大学后山试验农场 (25°07′51.9″N，102°45′10.2″E)。供试土壤基本农化性状如下：有机质含量为 21.36 g/kg，pH 为 6.73，碱解氮含量为 123 mg/kg，速效磷含量为 24 mg/kg，速效钾含量为 135 mg/kg。前茬作物为水稻。

2.1.2.1　试验设计及布置

试验设小麦单作、小麦蚕豆间作、蚕豆单作 3 个处理，3 次重复，其中全生育期共计采样 5 次，共计 3×3×5=45 (盆)。

试验所用盆钵大小为 238mm×320mm，每盆装土 10kg。试验所用肥料：氮肥为尿素，含氮量为 46%；磷肥为过磷酸钙，P_2O_5 含量为 15%。氮肥、磷肥的施用比例为 2∶1，施用量为 N 150 mg/kg 土，P_2O_5 75 mg/kg 土。其中，氮肥 1/2 为基肥，1/2 为追肥，并于拔节期追施。氮肥追施时只施用于单作小麦处理和间作处理的小麦一侧，蚕豆均不施用追肥。磷肥全部作为基肥一次性施入。

小麦蚕豆种植密度为：单作小麦每盆播种 28 粒，单作蚕豆每盆播种 6 粒，间作种植小麦蚕豆分别是单作的 1/2。

蚕豆种子用 1%的过氧化氢表面消毒 1h，吸胀吸水过夜，置于 25℃恒温箱催芽。小麦种子用 1%的过氧化氢表面消毒 1h，置于 25℃恒温箱催芽。挑选芽长 1cm 左右的饱满种子点播。

在小麦蚕豆整个生长期内，定期浇水、除草，不施用农药。

2.1.2.2 采样

分别于小麦分蘖期、拔节期、孕穗期、灌浆期、收获期，蚕豆分枝期、开花期、结荚期、籽粒膨大期、收获期，即播种后57d、98d、120d、142d、169d分别采集小麦、蚕豆整株植株样品，迅速带回实验室分离根、茎叶、籽粒等器官。105 ℃杀青30min，恒温干燥至恒重。称重，粉碎，备用。

分别于小麦分蘖期、拔节期、孕穗期、灌浆期、收获期，蚕豆分枝期、开花期、结荚期、籽粒膨大期、收获期，即播种后57d、98d、120d、142d、169d分别采集单间作小麦蚕豆根系、根际土浸提液及根系分泌物。其收集方法如下。

根际土浸提液采集方法：采用抖土法去除非根际土，用100mL蒸馏水提取根际土溶液，迅速离心过滤，滤液过0.45 μm滤膜，−20℃冷冻保存备用。

根系：取根尖部位3.0 g研磨，离心过滤，滤液过0.45 μm滤膜，−20 ℃冷冻保存备用。

根系分泌物：先用自来水反复清洗根系，然后将植株整株在5mg/L百里酚溶液中浸泡3min，最后将整株转入0.005 mol/L $CaCl_2$溶液中，光照下通气收集根系分泌物2 h，收集液在40℃条件下旋转蒸发，浓缩至10mL，浓缩液过0.45 μm滤膜，−20 ℃冷冻保存备用。

2.1.2.3 样品分析

植株全氮的测定：H_2SO_4-H_2O_2消煮，蒸馏定氮(鲍士旦，2000)。

植物全磷的测定：H_2SO_4-H_2O_2消煮，钒钼黄比色法(鲍士旦，2000)。

有机酸、酚酸的测定采用高效液相色谱法(high performance liquid chromatography，HPLC)，所用仪器型号为Agilent 1200高效液相色谱仪(四元泵、可变波长检测器、自动进样器、控温箱)。

有机酸测定所用的色谱条件如下：色谱柱为Synergi 4u Hydro-RP 80A色谱柱(250mm×4.6mm I. D)，流动相为10 mmol/L、pH=2.45的磷酸二氢钾溶液，柱温为30℃，流速为1000 μL/min，进样量为10 μL，检测波长为214 nm，分析时间为10 min。在选定的色谱条件下，得到8种有机酸：草酸(25 μg/mL)、酒石酸(25 μg/mL)、苹果酸(50 μg/mL)、乳酸(25 μg/mL)、乙酸(25 μg/mL)、马来酸(25 μg/mL)、柠檬酸(100 μg/mL)、富马酸(100μg/mL)的混合标准品色谱图及待测样品有机酸色谱图如图2-1和图2-2所示。8类有机酸的检出限分别为：草酸 0.030 μg/mL、酒石酸 0.020 μg/mL、苹果酸 0.020 μg/mL、乳酸 0.010 μg/mL、乙酸 0.025 μg/mL、马来酸 0.020 μg/mL、柠檬酸 0.020 μg/mL、富马酸 0.030 μg/mL。

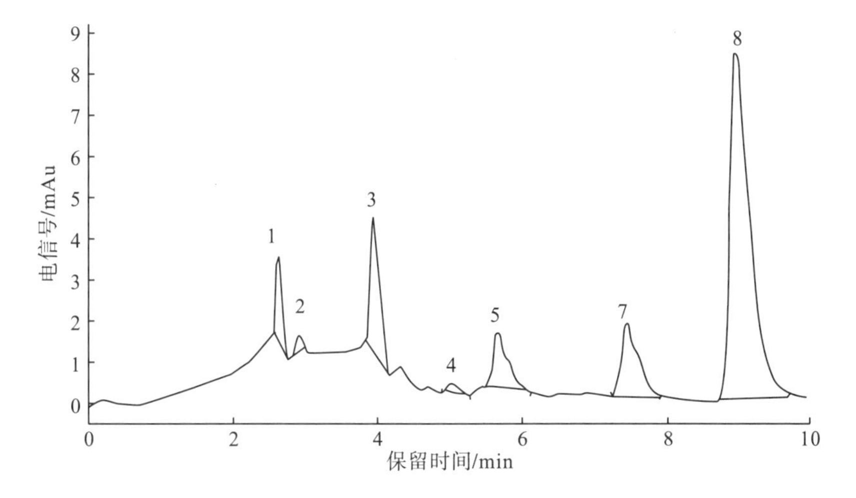

图 2-1　有机酸标准品色谱图

1. 草酸；2. 酒石酸；3. 苹果酸；4. 乳酸；5. 乙酸；6. 马来酸；7. 柠檬酸；8. 富马酸

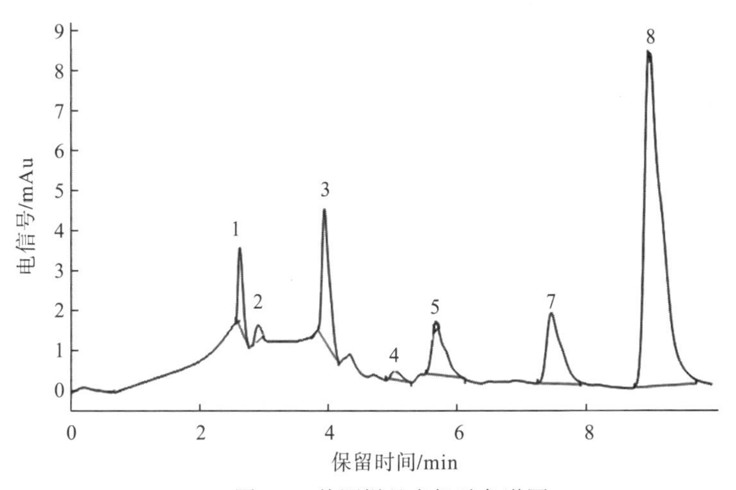

图 2-2　待测样品有机酸色谱图

1. 草酸；2.酒石酸；3.苹果酸；4. 乳酸；5. 乙酸；6. 马来酸；7. 柠檬酸；　8. 富马酸

酚酸测定所用色谱条件如下：色谱柱为 Synergi 4u Hydro-RP 80A 色谱柱(250mm×4.6mm I. D)，流动相为 70%的 0.2%乙酸和 30%的甲醇，柱温为 30℃，流速为 1000 μL/min，进样量为 10 μL，检测波长为 286 nm，分析时间为 35 min。在选定的色谱条件下，得到 5 种酚酸：对羟基苯甲酸(20 μg/mL)、香草酸(20 μg/mL)、丁香酸(20 μg/mL)、香豆酸(20 μg/mL)、阿魏酸(20 μg/mL)的混合标准品及待测样品的色谱图如图 2-3 和图 2-4 所示。5 种酚酸的检测限为对羟基苯甲酸 0.032 μg/mL、香草酸 0.024 μg/mL、丁香酸 0.020 μg/mL、香豆酸 0.010 μg/mL、阿魏酸 0.025 μg/mL。

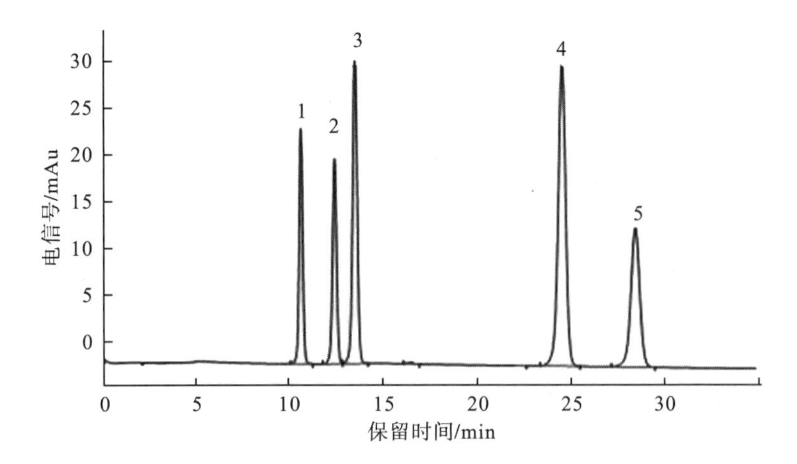

图 2-3 酚酸标准品色谱图

1. 对羟基苯甲酸；2. 香草酸；3. 丁香酸；4. 香豆酸；5. 阿魏酸

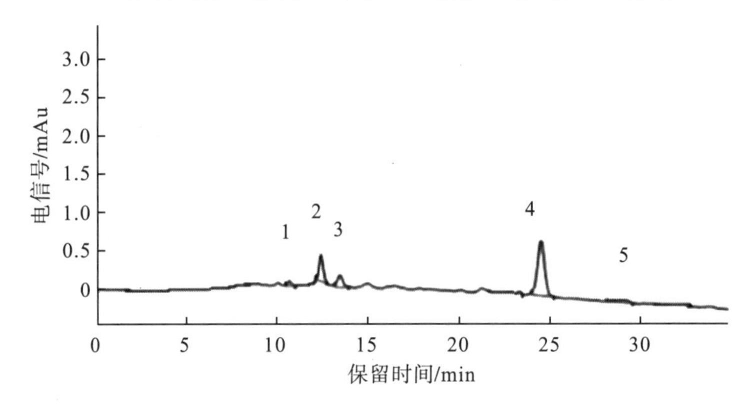

图 2-4 待测样品酚酸色谱图

1.对羟基苯甲酸(10.684)；2.香草酸(12.442)；3.丁香酸(13.630)；
4. 香豆酸(24.540)；5. 阿魏酸(28.482)

氨基酸测定采用茚三酮显色法，还原糖及总糖含量的测定采用蒽酮比色法。蔗糖=总糖-还原糖(李合生，2000；刘晓燕 等，2008)。

2.1.2.4 数据计算及分析

数据处理使用 Microsoft Excel，统计分析方法采用 SPSS17.0 软件进行多重比较分析和相关分析。

间作优势评价如下。应用土地当量比(land equivalent ratio，LER)作为衡量间作产量优势的指标。$LER=LER_w+LER_f$，$LER_w=B_{iw}/B_{mw}$，$LER_f=B_{if}/B_{mf}$。式中：LER_w 和 LER_f 分别代表小麦和蚕豆的土地当量比；B_{iw} 和 B_{if} 分别代表间作小麦和蚕豆的

生物量；B_{mw}和B_{mf}分别代表单作小麦和单作蚕豆的生物量。当LER＞1时表示间作优势；当LER＜1时表示间作劣势。

种间相对竞争力(aggressivity)表示两种作物对资源的竞争能力。$A_{wf}=B_{iw}/(B_{mw}\cdot P_w)-B_{if}/(B_{mf}\cdot P_f)$。式中：$A_{wf}$为小麦相对于蚕豆的资源竞争力；$P_w$和$P_f$分别为间作中小麦和蚕豆的面积占比，$P_w=1/2$，$P_f=1/2$；$B_{iw}$、$B_{if}$分别代表间作总面积上小麦和蚕豆的生物量；$B_{mw}$和$B_{mf}$分别代表单作小麦和单作蚕豆的生物量。当$A_{wf}>0$时，表明小麦竞争能力强于蚕豆；当$A_{wf}<0$时，表明小麦竞争能力弱于蚕豆。

根系中游离氨基酸、有机酸、酚酸和糖的含量用单位鲜根(每克)的含量表示。根系分泌速率以单位鲜根(每克)每小时分泌的含量表示。

2.1.3 水培试验

2.1.3.1 试验设计及布置

试验设小麦单作、小麦蚕豆间作、蚕豆单作3个处理，3次重复，其中全生育期共计采样3次。

试验所用盆钵尺寸为45 cm×30 cm×25 cm，每盆装营养液30 L。

种植规格为单作小麦每盆定植48株，单作蚕豆每盆定植24株。小麦蚕豆间作种植规格为4行小麦，2行蚕豆；其中小麦定植32株，蚕豆定植8株。

试验所用蚕豆种子用1%H_2O_2表面消毒1h，浸泡过夜，置于25℃恒温箱催芽，至芽长1cm时移入石英砂中光照培养。

小麦种子用1%H_2O_2表面消毒30min，置于25℃恒温箱催芽，至芽长1cm时移入石英砂中光照培养。

待小麦和蚕豆长至2叶1心时，挑选长势一致、健壮的小麦蚕豆幼苗进行营养液培养。每隔7d换一次营养液，连续24h通气，营养液pH调节为6.0。试验所用营养液配方如下：K_2SO_4 0.75×10^{-3}mol/L，$MgSO_4$ 0.65×10^{-3}mol/L，KCl 0.1×10^{-3}mol/L，$Ca(NO_3)_2$ 2.0×10^{-3}mol/L，KH_2PO_4 0.25×10^{-3}mol/L，H_3BO_3 1×10^{-6}mol/L，$MnSO_4$ 1×10^{-6}mol/L，$CuSO_4$ 1×10^{-7}mol/L，$ZnSO_4$ 1×10^{-6}mol/L，$(NH_4)_6MO_7O_{24}$ 5×10^{-9}mol/L，Fe-EDTA 1×10^{-4}mol/L。

2.1.3.2 采样

分别于小麦分蘖期、拔节期，孕穗期，蚕豆分枝期、开花期、结荚期，即移栽后第35d、55d、85d采集植株样品。迅速将样品带回实验室，测定根系活力，杀青，测定生物量。

2.1.3.3 样品分析

样品分析同土培试验。

2.1.3.4 数据计算及分析

数据计算及分析同土培试验。

2.1.4 土培试验二

供试品种为小麦[云麦 42(*Triticum aestivum* L.cv Yunmai.42)]和蚕豆[云豆8363(*Vicia faba* L cv Yundou 8363)]。种子由云南省农业科学院提供。

供试土壤采自云南农业大学后山试验农场(25°07′51.9″N，102°45′10.2″E)。供试土壤基本农化性状如下：有机质含量为21.36 g/kg，pH 为 6.73，碱解氮含量为123 mg/kg，速效磷含量为24 mg/kg，速效钾含量为135 mg/kg。前茬作物为水稻。

2.1.4.1 试验设计

试验设蚕豆单作、小麦与蚕豆间作两个处理，15 次重复，在蚕豆五叶期接种蚕豆枯萎病病原菌。

试验所用盆钵尺寸为140 mm×200 mm，每盆装土 2.5 kg。试验所用肥料：氮肥为尿素，含氮量为 46%；磷肥为过磷酸钙，P_2O_5 含量为 15%。氮肥、磷肥的施用比例为2∶1，施用量为N 75 mg/kg 土，P_2O_5 75 mg/kg 土。小麦蚕豆种植密度为单作蚕豆每盆留苗 4 株，小麦蚕豆间作蚕豆每盆留苗 2 株、小麦每盆留苗 4 株。

小麦蚕豆种子用 1%的过氧化氢表面消毒 1 h 后点播，于蚕豆五叶期接种蚕豆枯萎病病原菌，接种处理菌液浓度为 4.95×10^4 CFU/g。整个苗期按常规管理，不使用农药、杀菌剂和杀虫剂。

2.1.4.2 病原菌液制备

供试菌种分离和鉴定。从蚕豆枯萎病发病部位采集枯萎病茎干，无菌水漂洗3 次，70%乙醇(体积分数)表面消毒 30～50s，用无菌水冲洗后放置于灭菌纸上晾干，转接于马铃薯葡萄糖琼脂[potato dextrose agar(medium), PDA]培养基上，28℃培养 3d，挑取菌丝进行纯化培养后低温保存备用。

显微鉴定。将分离到的病原菌株接种于 PDA 培养基上，28℃培养 3d 后，肉眼观察菌落形态及色素。显微观察分生孢子、厚垣孢子等性状，并依据布斯(1988)的镰刀菌分类标准进行鉴定，确定其为尖孢镰刀菌。

病原菌孢子悬液的制备。将分离到的菌株活化，接种于 Bilay 产孢培养基中，28℃摇床培养 4d，获得菌悬液，通过 4 层灭菌纱布过滤获得孢子悬液，平板计数后低温保存备用。

2.1.4.3　采样

分别于接种蚕豆枯萎病病原菌的第 0d、第 1d、第 2d、第 3d、第 5d 采集单间作蚕豆根系、根际土。采集方法及分析方法同土培试验一。

2.2　玉米大豆间作试验

供试大豆品种为鲜博士 218，玉米为耕源 135。

2.2.1　试验设计

玉米种子和大豆种子分别用 30%H_2O_2 消毒 10 min，用蒸馏水洗净后置于 25℃恒温箱催芽，至芽长 3cm 时移入石英砂中光照培养。

为了更好地模拟田间生长情况，大豆根系接种了根瘤菌[费氏中华根瘤菌(*Sinorhizobium fredii*)]。菌种来源于中国农业微生物菌种保藏管理中心(Agricultural Culture Collection of China，ACCC 15109)。根瘤菌需先在根瘤菌琼脂-1 培养基中培养。根瘤菌琼脂-1 培养基(1L)：蔗糖 10g，$MgSO_4 \cdot 7H_2O$ 0.2 g，K_2HPO_4 0.5 g，$CaSO_4$ 0.2 g，NaCl 0.1 g，酵母粉 1g，$NaMoO_4$(1%) 1 mL，$MnSO_4$(1%) 1mL，柠檬酸铁(1%) 1 mL，硼酸(1%) 1 mL，琼脂粉 20 g，培养温度 28℃。接种大豆方法：待大豆胚芽刚出时，将菌苔刮下用无菌水制成 8.2×10^8/mL 菌悬液，每株大豆苗接种 2 mL，2 片真叶展开后进行水培试验和土培试验。

2.2.2　土培试验

土培试验供试土壤为旱地红壤。塑料盆底直径为 28 cm、高度为 40 cm，每盆装 8 kg 土壤。氮肥为 46%尿素，磷肥为 12%过磷酸钙，钾肥为 51%硫酸钾。纯养分用量：氮为 150 mg/kg 干土、磷为 100 mg/kg 干土、钾为 150 mg/kg 干土，玉米施氮肥 50%作基肥，剩余 50%于玉米孕穗期在玉米一侧追施，大豆不追肥。

土壤基本理化性状：有机质含量为 6.83 g/kg，速效钾含量为 479.58 mg/kg，速效磷含量为 1.25 mg/kg，pH 为 7.24，碱解氮含量为 49.27 mg/kg。

2.2.3 水培试验

当根长至 5～7 cm 时，玉米和大豆 2 片真叶展开后，取出生长均一的幼苗，用去离子水轻轻洗去石英砂后，挑选生长一致的玉米苗和大豆苗种植。先使用 1/2 浓度营养液，5d 后换成全浓度培养液。定植在 5 cm 厚的泡沫板上，每孔 1 株，密度为 2 株/盆。水培种植方式为单作大豆(2 株/盆)、单作玉米(2 株/盆)、大豆玉米 120 目尼龙网分隔间作(1 株大豆+1 株玉米)、大豆玉米间作(1 株大豆+1 株玉米)，重复 3 次，采样 3 次，共 36 盆。

容器为塑料盆(底直径为 22 cm、高度为 27 cm)。营养液体积为 10 L。营养液制备同小麦蚕豆水培试验。

试验设 3 个处理。根系采用 3 种分隔方式：①根系塑料分隔，大豆玉米间作(1 株大豆+1 株玉米，根系和肥水都不能通过)；②用 120 目尼龙网分隔间作(1 株大豆+1 株玉米，部分分隔：根系不能通过，肥水可以通过)；③根系不分隔，大豆玉米间作(1 株大豆+1 株玉米，根系和肥水可通过)。具体种植模式如图 2-5 所示。试验共计重复 3 次，采样 3 次，共 36 盆。

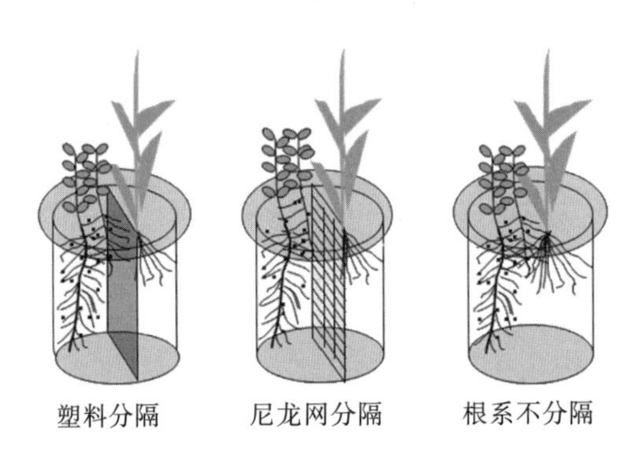

图 2-5 不同根系分隔方式下的玉米大豆间作模式图

2.2.4 试验管理

(1) 水培。植株培养期间气泵 24 h 通气，为了保证幼苗正常生长，每 5 d 更换一次培养液。待植株生长到一定时期，在苗期、喇叭口期/花期、孕穗期/鼓粒期 3 个时期采样。

(2) 土培。在作物生育期间保持土壤持水量为 60%～70%，适时除草。待植株生长到一定时期，在苗期、喇叭口期/花期、孕穗期/鼓粒期 3 个时期采样。

2.2.5　样品采集和分析

植株分地上部和地下部两部分，植株样片于 105 ℃杀青 30 min，然后于 65 ℃烘干至恒重称量测定生物量(整株生物量=地上部生物量+地下部生物量)，磨样粉碎后测定氮、磷、钾元素(整株养分累积吸收量=地上部养分累积吸收量+地下部养分累积吸收量)。

用 H_2SO_4-H_2O_2 消煮，氮：奈氏比色法，磷：钒钼黄比色法，钾：火焰光度计法。EPSON(Canada)扫描仪扫描根系，并用其自带的 WinRHIZO 软件进行根瘤数分析。

根系分泌收集：用自来水将根系洗净后，再用蒸馏水冲洗 3 遍，冲洗过程中要尽量避免伤根。然后用 5 mg/L 的百里酚溶液浸泡 3 min，用 1 L 蒸馏水光下收集 4 h(10:00～14:00)，并立即过滤，将滤液转入旋转蒸发瓶，40℃旋转蒸发至 10 mL，用 0.45 μm 滤膜过滤，然后低温(−20℃)保存待用。

有机酸测定：有机酸测定仪器为岛津 LC-10A 高效液相色谱仪(DGU-20A3 脱气机，LC-20AB 泵，SIL-20A 进样器，CTO-20A 柱温箱，SPD-20A 紫外可见光检测器)。色谱柱：Inertstil ODS-SP，粒径为 5μm，4.6 mm I.D×250 mm。柱温度为 28 ℃；流动相浓度为 18 mmol/L 的 KH_2PO_4，pH 为 2.43(用磷酸调节 pH)，流速为 1.0mL/min，紫外检测计(SPD-10A)波长为 214 nm，进样量 10 μL，分析时间为 15min；用外标法进行定性和定量计算。8 种有机酸混合标准品的色谱图如图 2-6 所示，回归方程及线性范围见表 2-1。

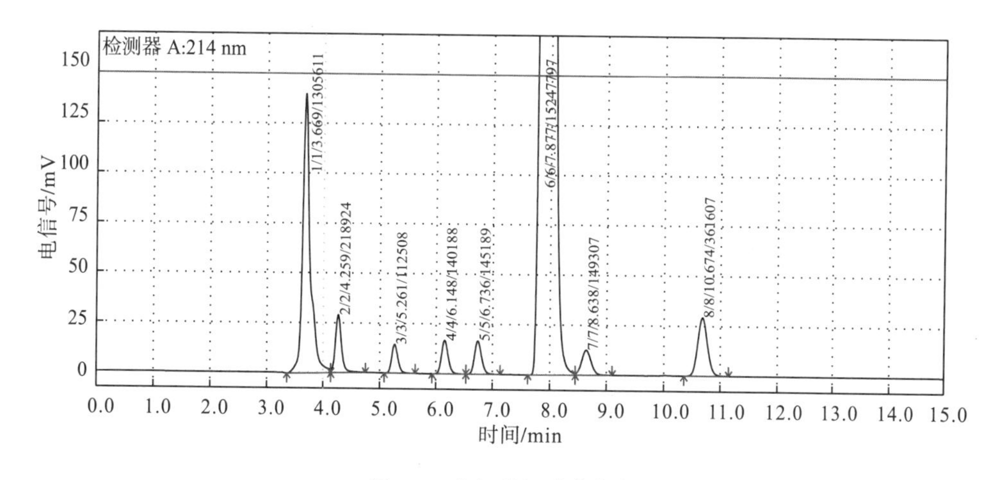

图 2-6　有机酸标准曲线色谱图

1.草酸(3.669)；2.酒石酸(4.259)；3.苹果酸(5.261)；4.乳酸(6.148)；
5.乙酸(6.736)；6.顺丁烯二酸(7.877)；7.柠檬酸(8.638)；8.反丁烯二酸(10.674)

表 2-1　有机酸回归方程及线性范围

有机酸	保留时间/min	回归方程	相关系数(*R*)	线性范围/(μg/mL)
草酸	3.669	y=0.0002x−12.873	0.9999	50.25000～3014.80000
酒石酸	4.259	y=0.0008x−2.7256	0.9985	0.78800～201.64000
苹果酸	5.261	y=0.0015x−1.4111	0.9968	0.78200～200.16000
乳酸	6.148	y=0.000003x−0.0016	0.9987	0.0015600～0.40000
乙酸	6.736	y=0.000003x+0.0003	0.9999	0.00156～0.40000
顺丁烯二酸	7.877	y=0.00001x+0.5269	0.9992	0.78700～201.40000
柠檬酸	8.638	y=0.0013x−1.2301	0.9987	0.78600～201.32000
反丁烯二酸	10.674	y=0.00001x+0.0173	0.9998	0.01640～4.20400

注：回归方程中，y 为浓度，x 为峰面积。

酚酸测定：使用仪器为岛津 LC-10A 高效液相色谱仪(DGU-20A3 脱气机，LC-20AB 泵，SIL-20A 进样器，CTO-20A 柱温箱，SPD-20A 紫外可见光检测器)。色谱柱：Inertstil ODS-SP，粒径为 5 μm，4.6 mm I.D×250 mm。柱温度为 25℃；流动相浓度为 70%的 0.2%乙酸和 30%甲醇，流速为 1.0mL/min，紫外检测计(SPD-10A)波长为 280 nm，进样量为 10 μL，分析时间为 35 min；用外标法进行定性和定量计算。5 种酚酸混合标准品的色谱图如图 2-7 所示，回归方程及线性范围见表 2-2。

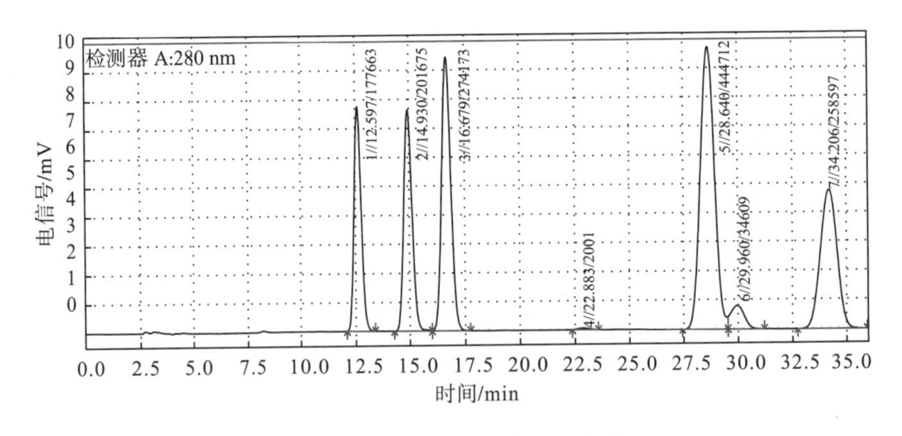

图 2-7　酚酸标准曲线色谱图

1.对羟基苯甲酸(12.597)；2.香草酸(14.930)；3.丁香酸(16.679)；5.香豆酸(26.640)；7.阿魏酸(34.206)

表 2-2 酚酸回归方程及线性范围

酚酸	保留时间/min	回归方程	相关系数(R)	线性范围/(μg/mL)
对羟基苯甲酸	12.597	y=0.00007x+0.5003	0.9993	0.05～40
香草酸	14.930	y=0.00006x+0.3142	0.9997	0.05～40
丁香酸	16.679	y=0.00005x+0.3515	0.9996	0.05～40
香豆酸	26.640	y=0.00003x+0.0033	0.9999	0.05～40
阿魏酸	34.206	y=0.00004x−0.038	0.9999	0.05～40

注：回归方程中，y 为浓度，x 为峰面积。

可溶性糖采用苯酚法：分别量取 100 μg/mL 蔗糖标准溶液 0mL、0.2 mL、0.4 mL、0.6 mL、0.8 mL、1 mL，置于试管中，吸取蒸馏水分别补充至 2.0 mL，分别加入 1.0 mL 9%的苯酚溶液，摇匀。各加 5.0 mL 浓硫酸，摇匀。在室温下放置 30 min 后在 485 nm 波长下比色。以糖含量为横坐标、吸光度为纵坐标，绘制标准曲线求出其回归方程。取 0.5 mL 根系分泌物按标准液的处理方法测定吸光度，然后从标准曲线上查出对应的浓度，并计算糖含量。

氨基酸采用茚三酮显色法：分别移取标准亮氨酸溶液(5 μg/mL)0 mL、0.2 mL、0.4 mL、0.6 mL、0.8 mL、1 mL，再对应加 2 mL、1.8 mL、1.6 mL、1.4 mL、1.2 mL、1 mL 无氨蒸馏水，每支试管均加入 3 mL 水合茚三酮试剂，然后都加入 0.1 mL 0.1%的抗坏血酸，混匀后，盖上大小合适的玻璃球，置于沸水中加热 15 min，取出后用冷水迅速冷却并不时摇动，当加热形成的红色被空气逐渐氧化而褪去呈现蓝紫色时，用 60%乙醇定容至 20 mL。混匀后在 570 nm 波长下测定吸光度，绘制标准曲线。取 1 mL 根系分泌物再加入 1 mL 无氨蒸馏水按标准液的处理方法测定吸光度，然后从标准曲线上查出对应的浓度并计算氨基酸含量(表 2-2)。

2.2.6 数据分析

数据分析同小麦蚕豆间作试验。

第3章　小麦蚕豆间作的根系互作与根系分泌物变化及其根际效应

3.1　根系形态特征

3.1.1　根长密度

从图3-1可以看出，在小麦孕穗—抽穗期、灌浆—乳熟期，随着土层深度的增加，总体表现为根长密度降低，根系在0～10 cm(A层)、10～20 cm(B层)、20～30 cm(C层)三层间的差异表现为A层显著高于B层、C层，B层、C层间无显著差异。

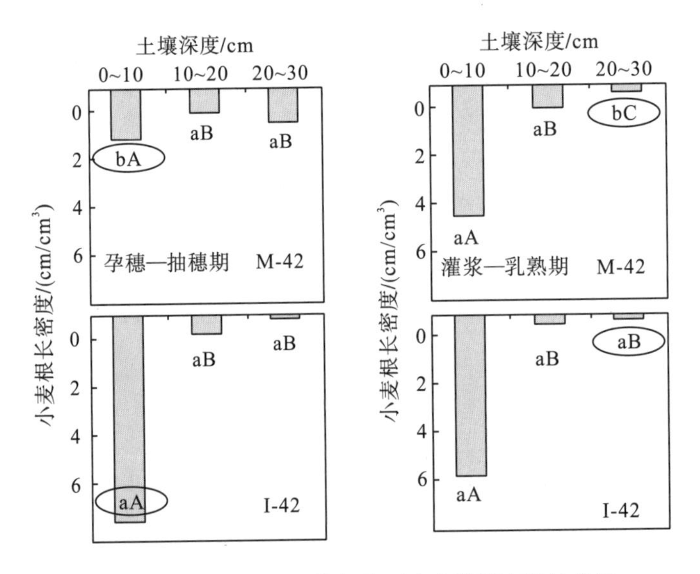

图3-1　单作和间作条件下小麦根长密度的差异

不同字母代表不同品种同一深度在$P<0.05$水平差异显著，下同

在不同生育期间作种植改变了各个层次小麦根长密度，从图3-1可以看出，孕穗—抽穗期到灌浆—乳熟期，间作后小麦表层(0～10 cm)根长密度显著增加，表层根系生长较为旺盛。与单作相比，间作显著增加了A层的根长密度，B层无

显著差异，C 层的根长密度显著低于单作。

3.1.2　根系表面积

小麦根系表面积在各个土层的变化与根长密度的变化趋势一致。从图 3-2 可以看出，不同生育期根系表面积均表现为 A＞B＞C。小麦蚕豆间作后，不同生育期小麦根系表面积均发生了改变。在孕穗—抽穗期，间作显著增加了表层(0～10 cm)小麦根系表面积，但下层(10～20 cm 和 20～30 cm)无差异。至小麦灌浆—乳熟期，间作则显著降低了下层(10～20 cm 和 20～30 cm)小麦根系表面积。

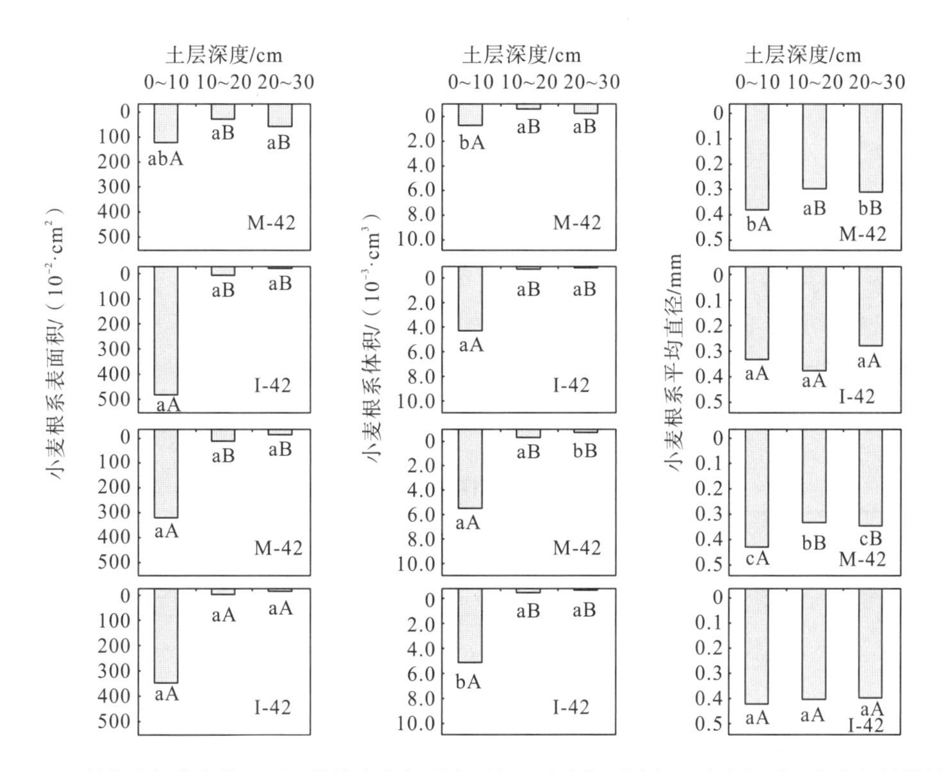

图 3-2　单作和间作条件下不同抗性小麦根系表面积、小麦根系体积、小麦根系平均直径的差异

3.1.3　根系体积

在小麦孕穗—抽穗期、灌浆—乳熟期，各个土层小麦根系体积变化趋势与根系表面积、根长密度的变化趋势一致，表现为 A 层显著高于 B 层和 C 层。

小麦蚕豆间作后表层(0～10 cm)根系体积显著扩大，下层(10～20 cm 和 20～30 cm)根系体积有降低的趋势。

3.1.4 根系平均直径

从图 3-2 可以看出，小麦蚕豆间作后不同土层小麦根系平均直径发生改变，单作条件下，小麦根系平均直径表现为 0～10 cm 显著高于 10～20 cm 和 20～30 cm，但 10～20 cm 和 20～30 cm 之间没有差异。间作后不同土层小麦根系平均直径没有差异，但与单作相比，小麦蚕豆间作在小麦孕穗—抽穗期、灌浆—乳熟期有提高 10～20 cm 和 20～30 cm 根系直径的趋势。

3.2 养分吸收分配规律

3.2.1 小麦蚕豆间作的氮养分吸收分配

从表 3-1 可以看出，小麦蚕豆间作在小麦、蚕豆生长发育前期，均没有提高小麦蚕豆氮素养分吸收累积的趋势。与单作相比，间作小麦、蚕豆的氮养分累积略低于单作，但差异没有达到显著水平。至小麦蚕豆开花-籽粒形成期，间作与单作相比，氮素养分吸收累积也没有差异。但是，间作有提高小麦、蚕豆氮素养分累积吸收量的趋势。

表 3-1 小麦蚕豆间作对氮素吸收累积的影响

	器官	小麦		蚕豆	
		单作	间作	单作	间作
吸收量/(mg/株)	茎叶	6.53[a]	8.63[a]	40.47[a]	24.24[b]
	籽粒	7.70[a]	6.69[a]	73.55[b]	105.93[a]
	根系	5.29[a]	4.71[a]	15.34[a]	10.03[b]
分配比例/%	茎叶	33.70[a]	41.26[a]	31.26[a]	17.47[b]
	籽粒	38.65[a]	36.54[a]	56.71[b]	75.49[a]
	根系	27.56[a]	22.19[a]	12.01[a]	7.02[b]

注：不同小写字母表示同一作物同一器官单作与间作处理之间差异显著($P<0.05$)，后同。

小麦蚕豆间作不仅有提高收获期氮素养分吸收累积的趋势，而且改变了氮素养分的分配比例。从表 3-2 中可以看出，与单作小麦相比，间作提高了氮素在茎叶中的分配比例，减少了氮素在根系中的累积，但差异没有达到显著水平。

与单作蚕豆相比，间作促进了氮素向蚕豆籽粒中转移，显著降低了氮素在叶片及根系中的累积。与单作相比，间作蚕豆根系及茎叶中的氮素分配比例分别降低了 41.55%和 44.11%，但籽粒中的氮素分配比例提高了 33.12%。

表 3-2　小麦蚕豆间作对氮素分配的影响　（单位：mg/株）

播种后天数	小麦		蚕豆	
	单作	间作	单作	间作
57 d	4.31[a]	3.72[a]	20.15[a]	18.21[a]
98 d	29.10[a]	24.47[a]	105.03[a]	104.49[a]
120 d	37.88[a]	36.14[a]	150.55[a]	128.05[a]
142 d	29.39[a]	25.82[a]	134.45[b]	177.51[a]
169 d	19.53[a]	20.04[a]	129.37[a]	140.21[a]

3.2.2　小麦蚕豆间作的磷养分吸收分配

从表 3-3 可以看出，在小麦蚕豆全生育期，间作没有显著提高小麦蚕豆对磷的吸收。但是，在小麦收获期、蚕豆籽粒膨大期及收获期，间作均有提高小麦蚕豆的磷吸收量的趋势，与相应的单作相比，在小麦收获期、蚕豆籽粒膨大期及收获期，间作使小麦、蚕豆磷吸收量提高，说明在小麦蚕豆生长发育的前期，间作对磷吸收累积影响不大，至收获期前后，间作有增加磷吸收累积的趋势，但差异没有达到显著水平。

表 3-3　小麦蚕豆间作对磷素吸收累积的影响　（单位：mg/株）

播种后天数	小麦		蚕豆	
	单作	间作	单作	间作
57 d	0.12[a]	0.08[a]	0.81[a]	0.86[a]
98 d	1.95[a]	1.69[a]	8.79[a]	7.69[a]
120 d	8.48[a]	8.12[a]	23.28[b]	23.82[a]
142 d	6.48[a]	6.32[a]	19.87[a]	22.30[a]
169 d	8.47[a]	9.10[a]	19.59[a]	23.32[a]

注：不同小写字母表示同一作物同一采样时期作与单间作处理之间差异显著（$P<0.05$），后同。

间作还改变了磷素在各个器官中的分配。从表 3-4 可以看出，在小麦收获期，小麦蚕豆间作显著提高了叶片中磷的分配比例，降低了籽粒中磷的分配比例。对于蚕豆，间作则显著降低了蚕豆叶片中磷的分配比例，显著提高了籽粒中磷的分配，说明小麦蚕豆间作不仅有利于磷的吸收，而且有利于磷素向籽粒中转移。与单作相比，间作使籽粒中磷的分配比例提高了 48.43%。

表 3-4　小麦蚕豆间作对磷素分配的影响

	器官	小麦		蚕豆	
		单作	间作	单作	间作
吸收量/(mg/株)	茎叶	4.28[a]	5.97[a]	9.22[b]	8.04[a]
	籽粒	2.93[a]	1.68[b]	34.63[a]	21.75[b]
	根系	1.24[a]	1.44[a]	3.22[b]	2.66[a]
分配比例/%	茎叶	50.61[b]	62.26[a]	46.95[a]	34.60[b]
	籽粒	34.63[a]	21.75[b]	36.51[b]	54.19[a]
	根系	14.75[a]	15.98[a]	16.53[a]	11.20[a]

3.3　根系互作与根系分泌变化

3.3.1　根系有机酸的分泌

3.3.1.1　小麦蚕豆间作根系中的有机酸含量

从图 3-3 可以看出，小麦蚕豆间作对根系中有机酸的含量影响不大。除了水培第 35 d 采样时间作显著提高了根系有机酸总量外，土培和水培条件下，其他各个生育期单间作小麦和蚕豆根系中有机酸含量均没有差异。从根系中有机酸含量的变化情况来看，蚕豆根系中有机酸含量均有高于小麦的趋势，土培和水培条件下变化趋势一致。此外，土培和水培条件下均表现为分枝期(57 d 和 35 d)蚕豆根系有机酸含量最高，随着生育期的推移，根系中有机酸含量随之降低。而小麦根系中有机酸含量变化趋势却与蚕豆不同，土培条件下，拔节期(播种后第 98 d)根系有机酸含量最低，而水培条件下拔节期(移栽后 55 d)有机酸含量最高。这说明不同的栽培条件对小麦根系有机酸含量影响较大，而对蚕豆有机酸含量影响不大。

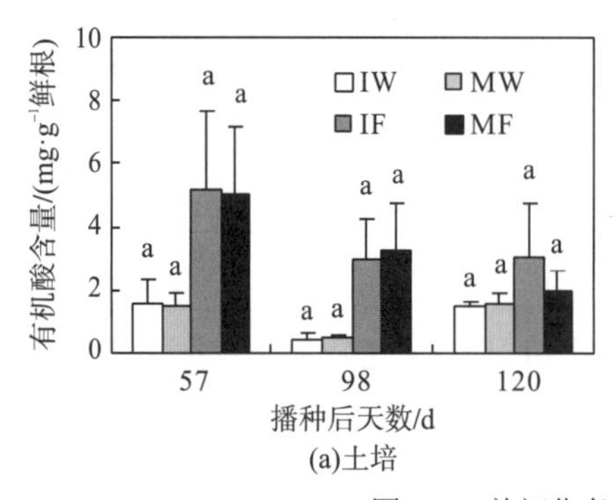

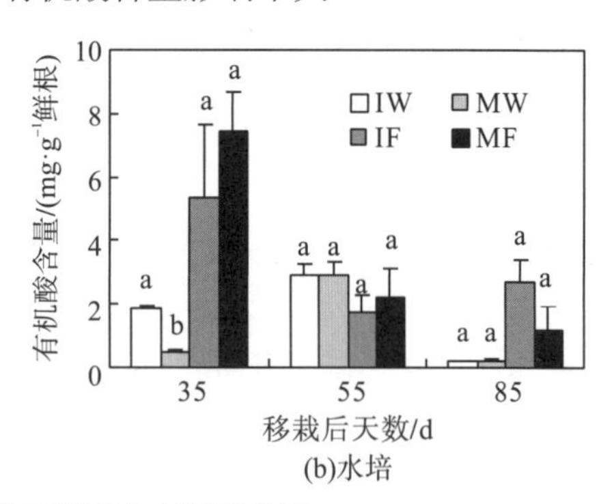

图 3-3　单间作条件下根系中有机酸总量

MF、IF 分别表示单作和间作蚕豆，MW、IW 分别表示单作和间作小麦。不同小写字母表示同一采样时期单间作处理之间差异显著($P<0.05$)，后同。

3.3.1.2　小麦蚕豆间作根系中的有机酸种类

从根系中有机酸的种类来看，水培条件下，间作改变了根系中的有机酸种类。在分蘖期(移栽后第 35 d)，间作小麦根系中共检测到 3 种有机酸，即苹果酸、乙酸、富马酸，而单作小麦根系中未检测到苹果酸。在拔节期(移栽后第 55 d)，间作小麦根系中检测到 4 种有机酸，即草酸、乙酸、柠檬酸和富马酸，而单作小麦根系中检测到草酸、乳酸、乙酸和富马酸。在孕穗期(移栽后第 85 d)，单间作小麦根系中仅检测到乙酸。上述结果说明，水培条件下单间作小麦根系种类在拔节期最丰富，至小麦孕穗期，根系有机酸种类逐渐减少。水培条件下，间作改变了全生育期小麦根系中有机酸的种类，间作主要是增加了根系中的苹果酸和柠檬酸，而减少了乳酸。

水培条件下，对于蚕豆而言，在蚕豆分枝期(移栽后第 35 d)，共检测到 5 种有机酸，即苹果酸、乳酸、乙酸、柠檬酸、富马酸。单间作有机酸种类和含量均没有差异。在开花期(移栽后第 55 d)，单作蚕豆检测到草酸、乳酸、富马酸，而间作蚕豆未检测到富马酸。在蚕豆结荚期(第 85 d)，单作检测到草酸、乙酸、柠檬酸、富马酸，而间作根系中检测到草酸、乙酸、柠檬酸、马来酸。总体来看，间作主要改变了开花期和结荚期蚕豆根系中有机酸的种类，间作主要减少了根系中的富马酸，增加了马来酸。

土培条件下，小麦蚕豆根系中的种类与水培条件下不同。从图 3-4 中可以看出，土培条件下单间作小麦蚕豆根系中共检测到 5 种有机酸，即苹果酸、乳酸、乙酸、柠檬酸和富马酸。小麦蚕豆间作主要改变了小麦孕穗期及蚕豆结荚期(移栽后第 120 d)根系中有机酸的种类。与单作相比，间作减少了小麦和蚕豆根系中的苹果酸。

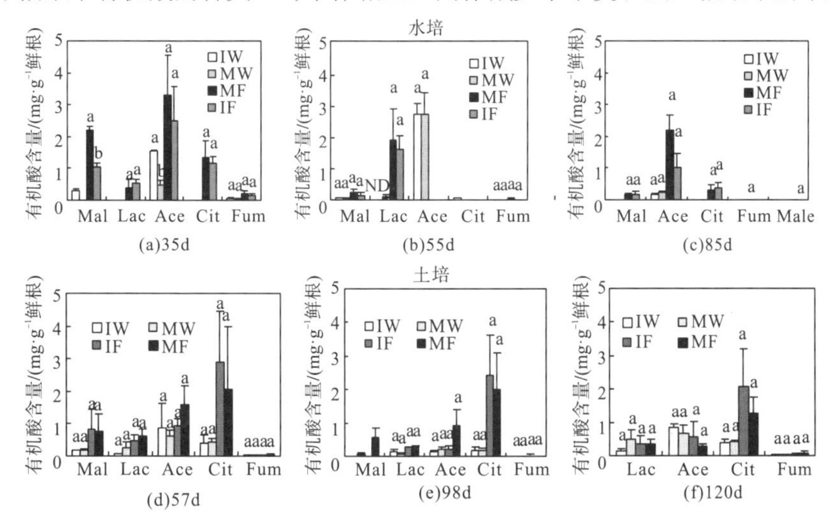

图 3-4　单间作条件下根系中有机酸种类及含量

Mal、Oxa、Lac、Ace、Cit、Fum、Male 分别表示苹果酸、草酸、乳酸、乙酸、柠檬酸、富马酸和马来酸；ND 表示未检测到，后同。

3.3.1.3 小麦蚕豆间作根系有机酸分泌含量

从图3-5可以看出，土培及水培条件下，不同生育期根系分泌物中的有机酸含量均不同。土培条件下，根系有机酸分泌量随生育期推移而升高，播种后第142 d达到最大值，单间作条件下变化趋势一致。而水培条件下，单作小麦、蚕豆根系有机酸分泌总量均为移栽后35 d达到最大值，小麦蚕豆间作体系则为移栽后55 d最高。

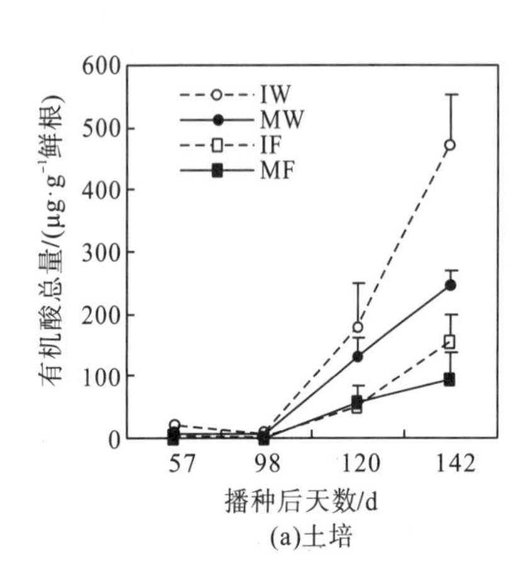

(a)土培

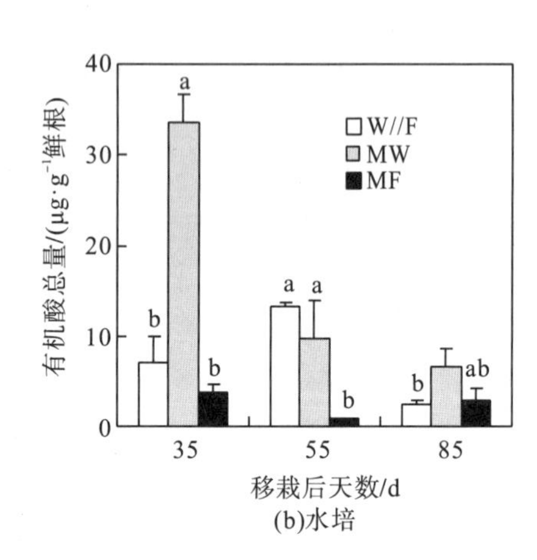

(b)水培

图3-5 单间作条件下根系分泌物中有机酸总量

W//F表示小麦蚕豆间作。

小麦蚕豆间作也影响根系有机酸分泌的总量。从图3-5可以看出，土培条件下，除了小麦拔节期(播种后第98 d)，小麦蚕豆间作在小麦分蘖期(第57 d)、孕穗期(第120 d)、灌浆期(第142 d)分别提高小麦根系有机酸总分泌量的155%、35.6%、92.6%。与单作蚕豆相比，在蚕豆分枝期(第57 d)、籽粒膨大期(第142 d)，间作分别提高蚕豆根系有机酸总分泌量的87.4%、38.7%。水培条件下，与单作小麦相比，在小麦分蘖期及孕穗期，间作降低了根系有机酸的分泌。而与单作蚕豆相比，间作则有提高根系有机酸分泌的趋势，在移栽后第55 d，间作根系有机酸分泌量是单作蚕豆的1.5倍。

3.3.1.4 小麦蚕豆间作根系有机酸分泌种类和分泌速率

从图3-6可以看出，土培条件下不同生育期根系分泌物中有机酸的种类差异较大。在小麦孕穗期、蚕豆开花期(播种后第120 d)，单间作小麦蚕豆根系分泌物中的有机酸种类最丰富，均检测到4种有机酸：乳酸、乙酸、柠檬酸、富马酸，其中富马酸的分泌速率最低。

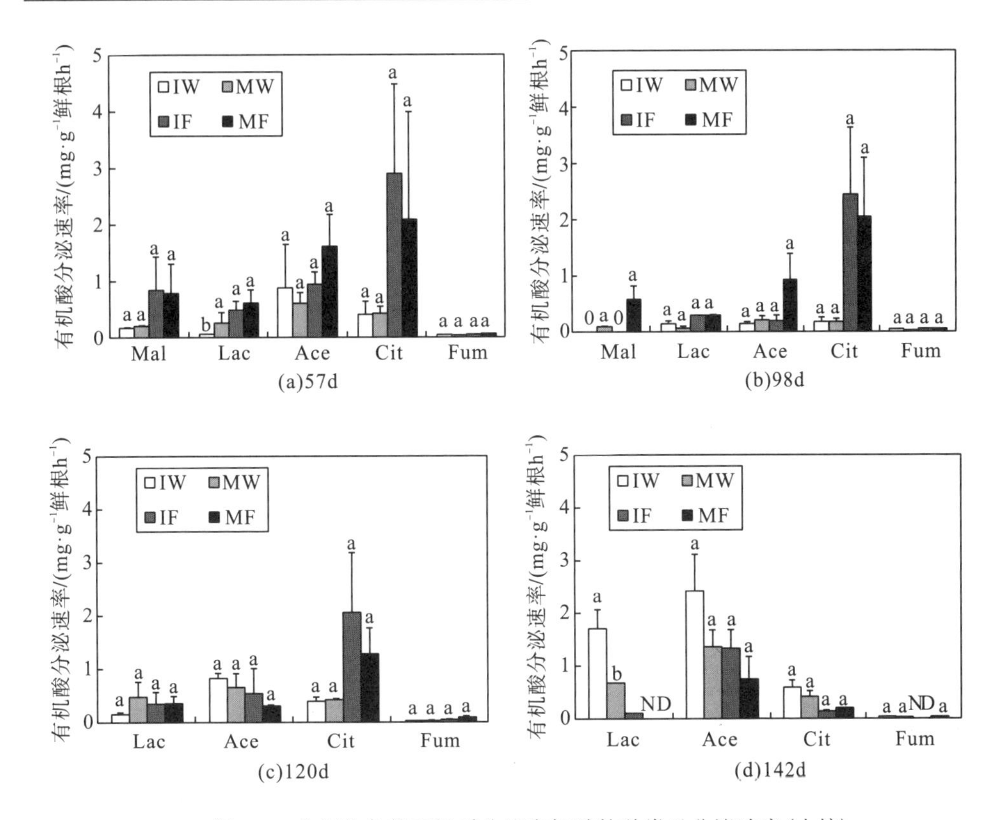

图 3-6　单间作条件下根系分泌有机酸的种类及分泌速率(土培)

小麦蚕豆间作影响根系分泌物中有机酸的种类和有机酸的分泌速率。对于小麦而言，在小麦分蘖期，间作小麦分泌物中检测到乙酸、乳酸、柠檬酸，而单作小麦分泌物中仅检测到乙酸。在小麦拔节期，间作小麦分泌物中检测到乳酸和柠檬酸，而单作小麦分泌物中检测到乳酸和乙酸。在小麦孕穗期和灌浆期，单间作小麦根系分泌物种类没有差异。但是在孕穗期，间作小麦的柠檬酸和富马酸分泌速率分别是单作的 179 倍和 184 倍；在灌浆期，间作小麦乳酸的分泌速率是单作小麦的 2.53 倍。

对于蚕豆而言，间作也改变了蚕豆根分泌物中有机酸的种类和有机酸的分泌速率。在蚕豆分枝期(播种后第 57 d)，间作蚕豆分泌物中检测到乙酸，而单作蚕豆分泌物中检测到乳酸。在蚕豆结荚期(播种后第 120 d)，单作与间作蚕豆根系分泌有机酸的种类没有差异，但是间作蚕豆的乳酸分泌速率是单作蚕豆的 100 倍，而单作蚕豆乙酸的分泌速率是间作蚕豆的 3.64 倍。至蚕豆籽粒膨大期(第 142 d)，间作蚕豆改变了根系分泌物中有机酸的种类，与单作蚕豆相比，间作蚕豆根系分泌物中增加了乳酸，而减少了富马酸。

总体而言，在土培条件下，小麦蚕豆间作显著改变根系分泌物中有机酸的种类和有机酸的分泌速率。对于小麦而言，间作主要是显著增加或促进了柠檬酸、乳酸、富马酸的分泌。对于蚕豆而言，间作主要是显著增加或促进了乳酸的分泌，但有降低乙酸和富马酸分泌的趋势。

水培条件下，不同生育期、不同种植体系及不同作物的根系分泌物中有机酸的种类均不同，如图 3-7 所示。在小麦蚕豆间作及单作小麦体系中，全生育期共检测到 7 种有机酸，即草酸、酒石酸、苹果酸、乳酸、乙酸、柠檬酸、富马酸，其中富马酸的分泌速率最低。而仅在小麦分蘖期检测到苹果酸，在小麦拔节期及孕穗期检测到草酸和酒石酸，在小麦分蘖及拔节期检测到乳酸。单作蚕豆根系分泌物中全生育期共检测到 5 种有机酸，即草酸、苹果酸、柠檬酸、乙酸、富马酸，仅在分枝期检测到苹果酸。

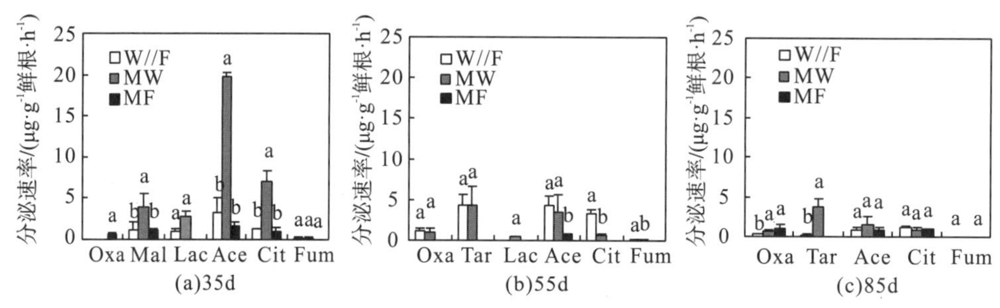

图 3-7 单间作条件下根系分泌有机酸的种类及分泌速率(水培)

MF、MW 分别表示单作小麦和蚕豆，W//F 分别表示小麦蚕豆间作；Oxa 表示草酸，Tar 表示酒石酸。

小麦蚕豆间作也改变了根系分泌物中有机酸的种类及有机酸的分泌速率。与单作小麦相比，在小麦分蘖期，单作小麦苹果酸、乙酸、柠檬酸的分泌速率分别是间作体系的 3.2 倍、5.9 倍、5.6 倍；在小麦拔节期，间作根系分泌中未检测到乳酸，但是间作柠檬酸、富马酸的分泌速率分别是单作小麦的 4.6 倍和 3.2 倍；在小麦孕穗期，间作根系分泌物中增加了富马酸，但是草酸、酒石酸的分泌速率分别降低了 57.3%和 93.2%。与单作蚕豆相比，在蚕豆分枝期，间作根系分泌物中增加了乳酸，但是减少了草酸；在蚕豆开花期，间作根系分泌物中增加了草酸、酒石酸、柠檬酸和富马酸。在蚕豆结荚期，间作根系分泌物中增加了酒石酸，但是草酸分泌物速率降低了 74.02%。

总之，水培条件下，小麦蚕豆间作也改变了根系分泌物的种类和分泌速率。与单作小麦相比，间作提高了根系分泌物中柠檬酸、富马酸的分泌速率，但是有降低酒石酸、草酸、乳酸分泌速率的趋势。与单作蚕豆相比，小麦蚕豆间作显著增加了根系分泌中有机酸的种类，但有降低草酸分泌速率的趋势。

3.3.1.5 小麦蚕豆间作根际土中的有机酸数量和种类

从图 3-8 中可以看出，单间作小麦蚕豆根际土中有机酸总量的变化趋势是一致的。随着生育期的推移，小麦蚕豆根际土中有机酸含量均呈上升的趋势，至播种后第 120 d(即小麦孕穗期、蚕豆结荚期)，根际土中有机酸含量显著降低；至第 142 d(即小麦灌浆期、蚕豆籽粒膨大期)，根际土中有机酸总量达到最大值。随后，伴随着小麦蚕豆的成熟、根系的衰老，根际土中有机酸总量又迅速下降。

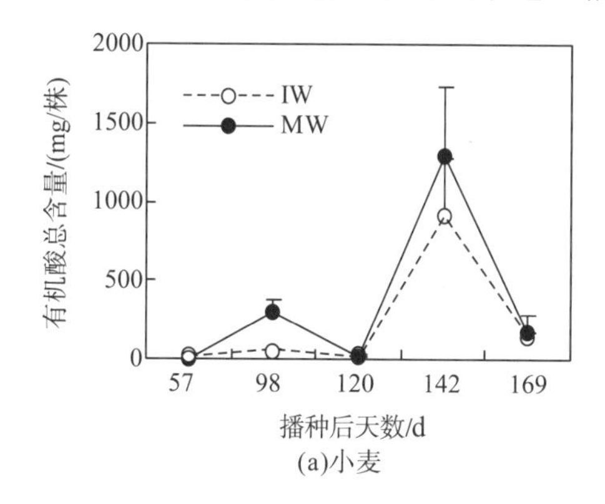

(a)小麦

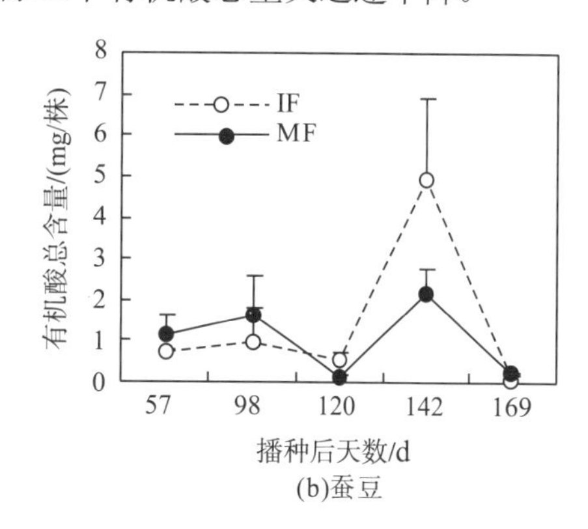

(b)蚕豆

图 3-8　单间作根际土中有机酸总量的比较

从图 3-8 还可以看出，间作种植改变了根际土中有机酸的总量。对于小麦而言，在第 57 d(小麦分蘖期)，间作根际土中有机酸总量是单作的 2.55 倍。而随着生育期的推移，间作有降低根际土中有机酸总量的趋势。特别是在第 98 d(小麦拔节期)，间作显著降低了根际土中有机酸总量的 17.3%。对于蚕豆而言，在第 120 d(蚕豆结荚期)以前，间作均有降低根际土中有机酸总量的趋势，但差异没有达到显著水平。对于蚕豆而言，至蚕豆进入生殖生长阶段，即蚕豆结荚期(第 120 d)和籽粒膨大期(第 142 d)，间作分别提高蚕豆根际土有机酸总量的 2.9 倍和 1.3 倍。至蚕豆收获期，间作根际土有机酸总量则显著低于单作。

从表 3-5、表 3-6 可以看出，间作改变了根际土中有机酸的种类和含量。在小麦全生育期，间作小麦根际土中共检测到 3 种有机酸，即乳酸、乙酸、富马酸。而单作条件下则检测到 4 种有机酸，即乳酸、乙酸、富马酸、柠檬酸。与单作相比，在第 57 d、第 98 d、第 142 d、第 169 d 间作小麦根际土中均没有检测到柠檬酸。

表 3-5　小麦根际土中有机酸的种类和含量　(单位：μg/株)

播种天数	种植模式	乳酸	乙酸	柠檬酸	富马酸
57 d	I	20.43±4.84[a]	—	—	0.86±0.09
	M	0.98±0.02[b]	—	—	—
98 d	I	21.84±5.13[a]	26.97±5.83[b]	—	—
	M	43.13±27.74[a]	164.95±62.75[a]	89.01±0.84	1.38±0.44

续表

播种天数	种植模式	乳酸	乙酸	柠檬酸	富马酸
120 d	I	32.35±4.04[a]	—	—	2.07±0.02[a]
	M	15.95±1.14[b]	—	—	1.68±0.4[b]
142 d	I	342.32±259.01[a]	432.51±246.17[a]	—	—
	M	342.58±98.76[a]	952.37±330.04[a]	1.81±0.53	—
169 d	I	67.86±42.59[a]	66.78±42.23[a]	—	—
	M	192.14±90.58[a]	36.56±14.6[a]	18.96±0.32	0.72±0.3

表 3-6 蚕豆根际土中有机酸的种类和数量 （单位：mg/株）

播种天数	种植模式	乳酸	乙酸	柠檬酸	富马酸
57 d	I	0.30±0.02[a]	0.0069±0.001[a]	0.42±0.042[a]	—
	M	0.51±0.25[a]	0.0069±0.002[a]	0.62±0.27[a]	—
98 d	I	—	0.93±0.87[a]	—	—
	M	0.27±0.19	1.33±0.79[a]	—	0.007±0.001
120 d	I	—	0.37±0.17	0.19±0.025[a]	—
	M	0.05±0.006	—	0.10±0.03[a]	—
142 d	I	1.13±0.22[a]	1.51±0.97[a]	2.32±0.88[a]	—
	M	0.29±0.14[b]	0.96±0.22[a]	0.90±0.51[a]	—
169 d	I	0.06±0.02[b]	—	—	0.006±0.002
	M	0.18±0.04[a]	0.04±0.006	—	—

对于蚕豆而言(表 3-6)，间作也改变了根际土中有机酸的种类和含量。在蚕豆开花期、结荚期、收获期(第 98 d、第 120 d、第 169 d)，间作主要改变了乳酸、乙酸、富马酸在根际土中的含量。与单作相比，在第 98 d 和第 120 d，间作根际土中未检测到乳酸，在第 169 d 间作根际土中未检测到乙酸。

从研究结果可以看出，对小麦而言，除小麦拔节期外，单间作根际土有机酸总量均没有差异。间作显著降低了柠檬酸在根际土中的累积量，同时在收获期也降低了富马酸在根际土中的累积量。对蚕豆而言，在蚕豆结荚期和籽粒膨大期，间作显著提高了根际土中有机酸的总量，但显著降低了乳酸在根际土中的含量。在收获期，间作抑制了乳酸的积累，但增加了富马酸的含量。

3.3.2 根系酚酸的分泌

3.3.2.1 小麦蚕豆间作根系中的酚酸含量和种类

从图 3-9 中可以看出，小麦蚕豆间作改变了根系中酚酸的含量。土培条件下，在小麦拔节期和孕穗期，间作显著降低了根系酚酸含量的 24.7%和 25.2%；在蚕豆分枝期，间作 100%降低了蚕豆根系酚酸含量，至蚕豆结荚期，间作提高根系酚酸含量的 16.2%。水培条件下，在小麦分蘖期和拔节期，间作显著降低根系酚酸含量的 29.4%和 59.2%。在蚕豆开花期，间作降低根系酚酸含量的 89.2%。

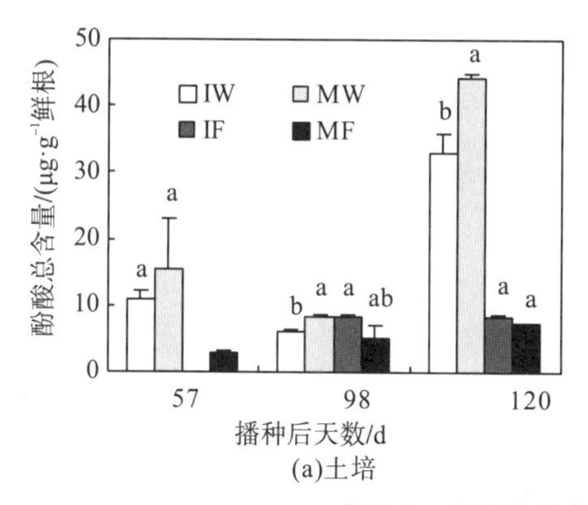

(a)土培

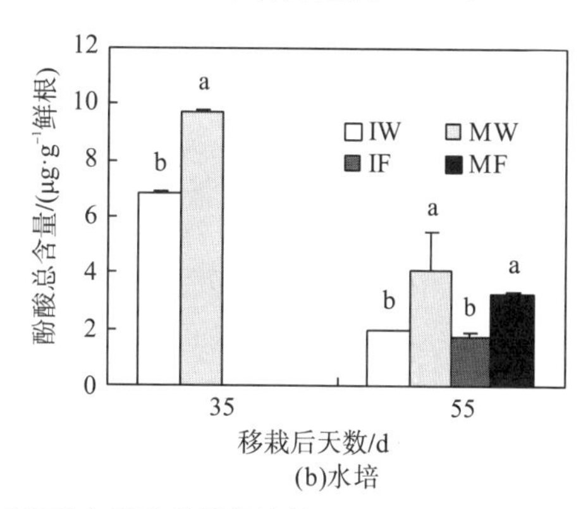

(b)水培

图 3-9　单间作条件下根系中酚酸总量的比较

从图 3-9 还可以看出，小麦、蚕豆根系中酚酸含量不同，水培、土培下根系酚酸含量均表现为小麦大于蚕豆。而不同的栽培介质对根系酚酸含量影响不大。此外，不同生育期小麦蚕豆根系酚酸含量差异较大。土培条件下，小麦根系酚酸含量在小麦孕穗期最高，分蘖期次之，拔节期最低；而蚕豆根系酚酸含量在分枝期最低，开花期、结荚期差异不大。

水培条件下，小麦根系中检测到 3 种酚酸，即对羟基苯甲酸、香草酸、丁香酸，而蚕豆根系中仅检测到 2 种酚酸，即对羟基苯甲酸和香草酸。从图 3-10 可以看出，小麦蚕豆间作改变了小麦、蚕豆根系中酚酸的种类。与单作小麦相比，在小麦分蘖期(移栽后第 35 d)，间作根系中未检测到香草酸。与单作蚕豆相比，在蚕豆开花期(移栽后第 55 d)，间作根系中未检测到对羟基苯甲酸，而增加了香草酸。此外，在小麦拔节期(移栽后第 55 d)，间作显著降低了小麦根系中对羟基苯甲酸含量的 52.9%。

水培

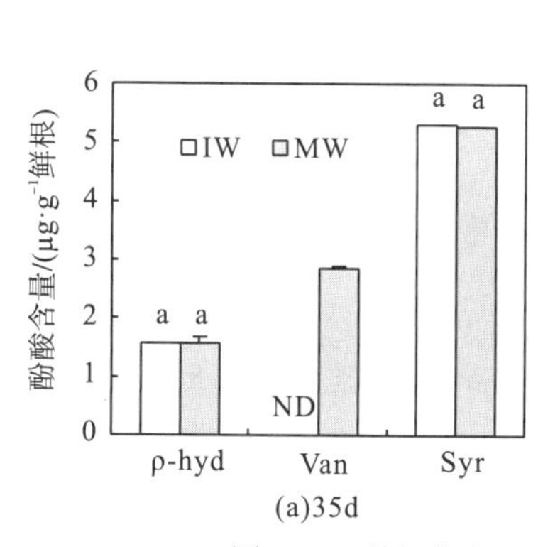

(a)35d

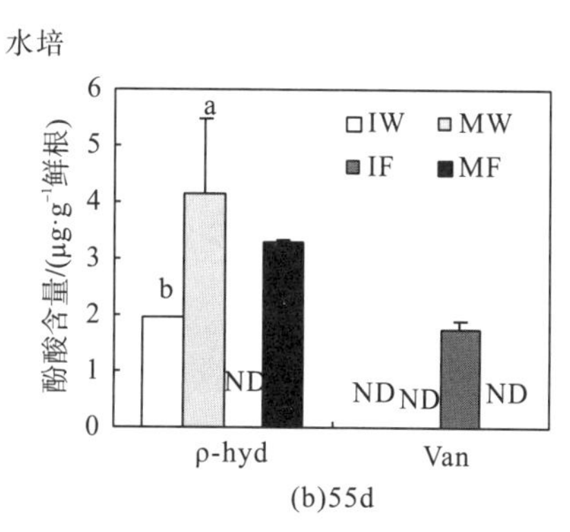

(b)55d

图 3-10　单间作条件下根系中酚酸种类及含量的差异

ρ-hyd、Van、Syr 分别表示对羟基苯甲酸、香草酸、丁香酸。

土培条件下小麦蚕豆根系中检测到的酚酸种类多于水培条件。小麦根系中共检测到 4 种酚酸，即对羟基苯甲酸、香草酸、香豆酸、丁香酸。而蚕豆根系中仅检测到 3 种酚酸，即对羟基苯甲酸、香草酸、丁香酸。与水培一致的是，土培条件下小麦蚕豆间作也改变了根系中酚酸的种类。与单作小麦相比，在小麦拔节期及孕穗期，间作体系中未检测到对羟基苯甲酸和阿魏酸。与单作蚕豆相比，间作蚕豆根系中未检测到对羟基苯甲酸，但增加了香草酸。

3.3.2.2 小麦蚕豆间作根系分泌物中酚酸含量

从图 3-11 可以看出，小麦蚕豆间作改变了根系酚酸的分泌总量。水培条件下，与单作小麦相比，在小麦分蘖期(移栽后第 35 d)、拔节期(第 55 d)、孕穗期(第 85 d)，间作分别降低酚酸总量的 64.6%、70.01%、39.0%；与单作蚕豆相比，在蚕豆分枝期(移栽后第 35 d)、开花期(第 55 d)，间作分别降低酚酸总量的 37.56%、57.79%；而在蚕豆结荚期(第 85 d)，间作提高酚酸总量的 53.45%。

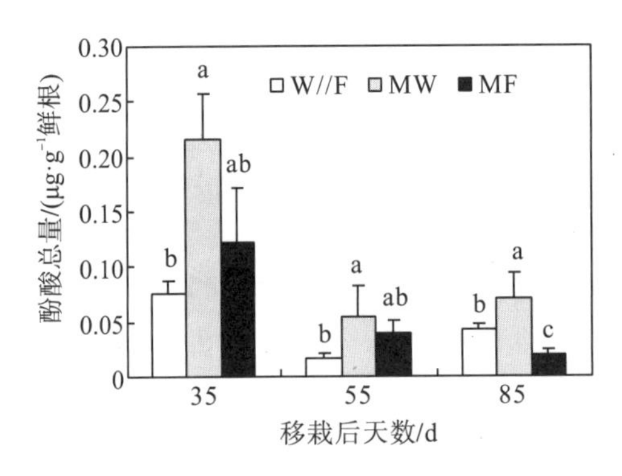

图 3-11　间作条件下根系分泌物中酚酸总量的差异

从图 3-11 还可以看出，不同生育期，根系酚酸分泌总量也有差异。对于单作蚕豆而言，表现为移栽后第 35 d＞第 55 d＞第 85 d。而对于小麦蚕豆间作和单作小麦而言，均表现为移栽后第 35 d＞第 85 d＞第 55 d。

3.3.2.3　小麦蚕豆间作根系分泌物中的酚酸种类和分泌速率

从图 3-12 可以看出，小麦、蚕豆根系分泌酚酸的种类不同，且不同的生育期及间作种植均改变了根系分泌酚酸的种类。在本试验条件下，根系分泌物中共检测到 3 种有机酸，即对羟基苯甲酸、香草酸、丁香酸。不同生育期、不同种植模式酚酸分泌种类均差异较大。在移栽后第 35 d，与单作小麦相比，间作没有改变酚酸的分泌种类，而显著降低了对羟基苯甲酸和丁香酸分泌量的 65.47%和 64.35%。而与单作蚕豆相比，间作显著改变了酚酸分泌的种类，在间作根系分泌物中未检测到香草酸。

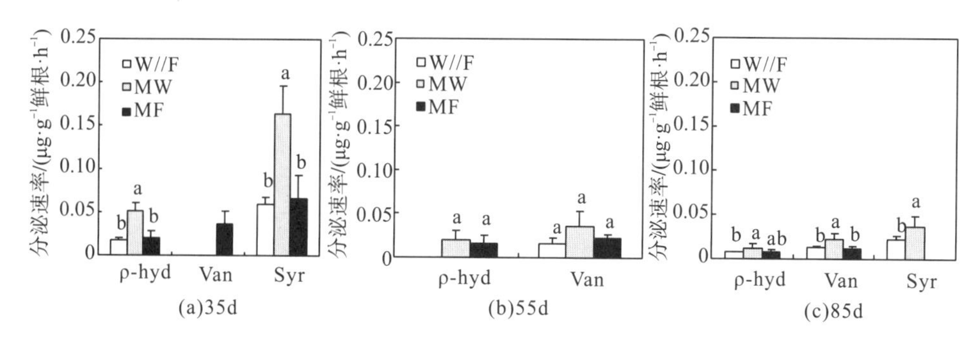

图 3-12 单间作条件下根系分泌物中酚酸种类的差异

移栽后第 55 d，与单作小麦和单作蚕豆相比，间作改变了酚酸分泌的种类。间作根系分泌物中未检测到对羟基苯甲酸。至移栽后第 85 d，与单作小麦相比，间作显著降低了对羟基苯甲酸、香草酸、丁香酸的分泌，分泌速率分别降低了 41.06%、9.57%和 37.98%。而与单作蚕豆相比，间作有增加根系分泌物中酚酸种类的趋势。间作根系分泌中增加了丁香酸，而在单作蚕豆根系分泌物中未检测到。

从不同生育期酚酸种类来看，在移栽后第 35 d 酚酸种类最多。移栽后第 55 d，单作小麦和小麦蚕豆间作根系分泌物中均减少了丁香酸。

3.3.2.4 小麦蚕豆间作根际土中的酚酸含量和种类

从图 3-13 可以看出，蚕豆根际土中酚酸总量有高于小麦的趋势。整个生育期，除蚕豆籽粒膨大期(第 142 d)间作对蚕豆根际土中酚酸总量没有影响，单作和间作没有差异。而在小麦孕穗期(第 120 d)，间作显著降低了酚酸在小麦根际土的累积。此外，间作还改变了根际土中酚酸的种类。在第 98 d，单间作小麦根际土酚酸种类和数量均没有差异。而在第 120 d，间作小麦根际土中未检测到酚酸，而单作小麦根际土中检测到对羟基苯甲酸、香草酸和丁香酸，说明间作有降低酚酸在小麦根际土中累积的趋势。

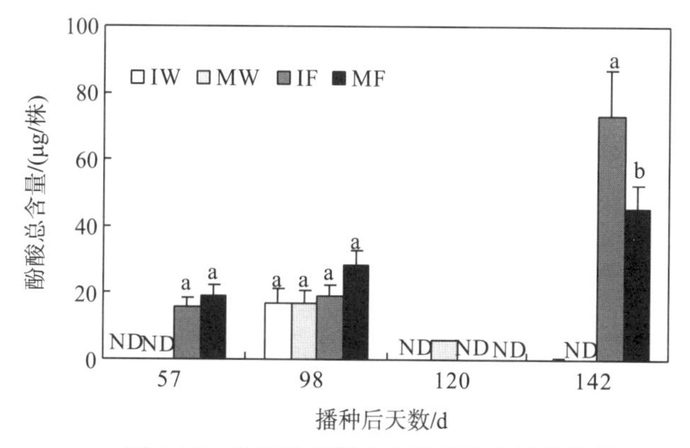

图 3-13 单间作根际土中酚酸总含量的比较

从图 3-14 可以看出，在小麦拔节期，小麦蚕豆间作对根际土中酚酸种类没有影响，但是在小麦孕穗期，间作根际土中未检测到对羟基苯甲酸、香草酸和丁香酸。在蚕豆开花期、结荚期、籽粒膨大期，间作均改变了蚕豆根际土中酚酸的种类。与单作蚕豆相比，在第 57 d，间作根际土中检测到了香草酸，但未检测到对羟基苯甲酸。在第 98 d，间作根际土中增加了香草酸。在第 142 d，间作根际土中增加了丁香酸，但减少了香草酸。同时，间作根际土中香草酸含量是单作的 1.95 倍。

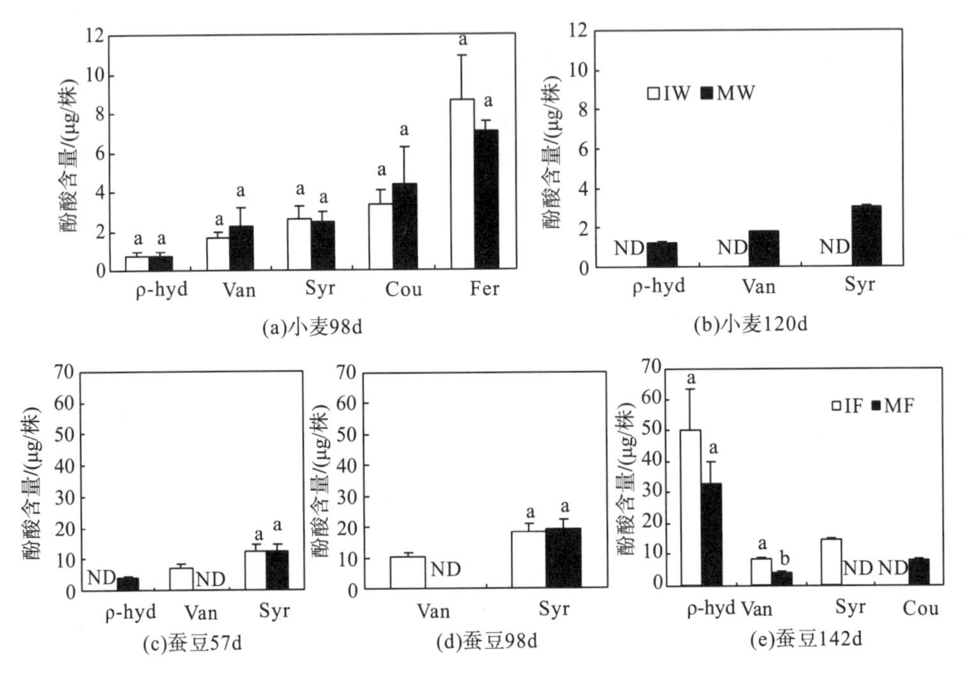

图 3-14 单间作根际土中酚酸种类的比较

Cou、Fer 分别表示香豆酸和阿魏酸。

从研究结果可以看出，对小麦而言，间作显著降低了根际土中酚酸的总量，减少了各类酚酸物质在根际土中的累积。间作主要引起蚕豆根际土中酚酸种类的变化，间作增加了根际土中香草酸和丁香酸的累积，而抑制了香豆酸和对羟基苯甲酸的累积。

3.3.3 根系糖的分泌

3.3.3.1 根系中糖的含量和种类

从图 3-15 可以看出，土培条件下，间作在分蘖期、拔节期、孕穗期分别提高小麦根系中水溶性总糖含量的 14.13%、75.8%、30.25%，在小麦拔节期差异达到显著水平。水培条件下，间作在小麦拔节期也有提高根系糖含量的趋势，但是差异没有达到显著水平。对于蚕豆而言，间作对蚕豆根系糖含量没有影响，水培、土培趋势一致。

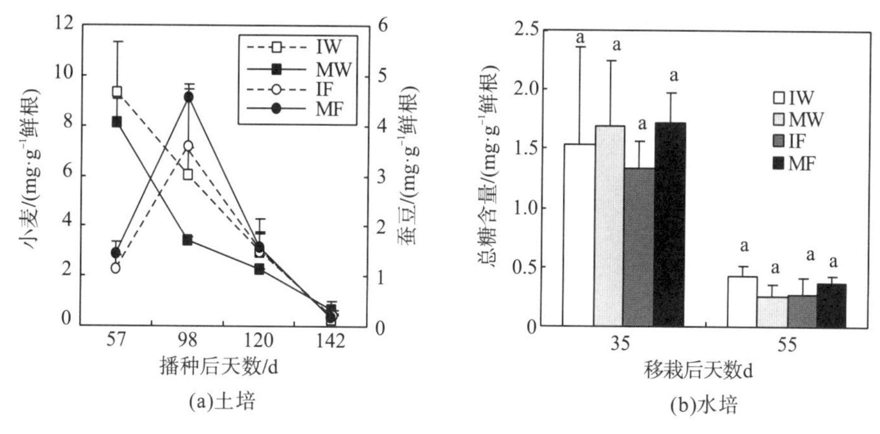

图 3-15　单间作条件下根系中总糖含量的比较

不同生育期，单间作小麦蚕豆根系糖含量也不相同。对于小麦而言，小麦分蘖期，根系糖含量最高，随着生育期推移，糖含量随之降低，水培、土培条件规律一致。而对于单间作蚕豆而言，土培条件下根系糖含量表现为蚕豆开花期最高，蚕豆分枝期、结荚期次之，水培条件下根系糖含量表现为分枝期高于开花期。

此外，小麦、蚕豆根系中糖含量也有差异，但是不同栽培介质下表现各异。从图 3-16 可以看出，土培和水培条件下，根系中水溶性糖含量均表现为小麦高于蚕豆，但是水培条件下小麦蚕豆差异不大，而土培条件下，小麦根系糖含量显著高于蚕豆。

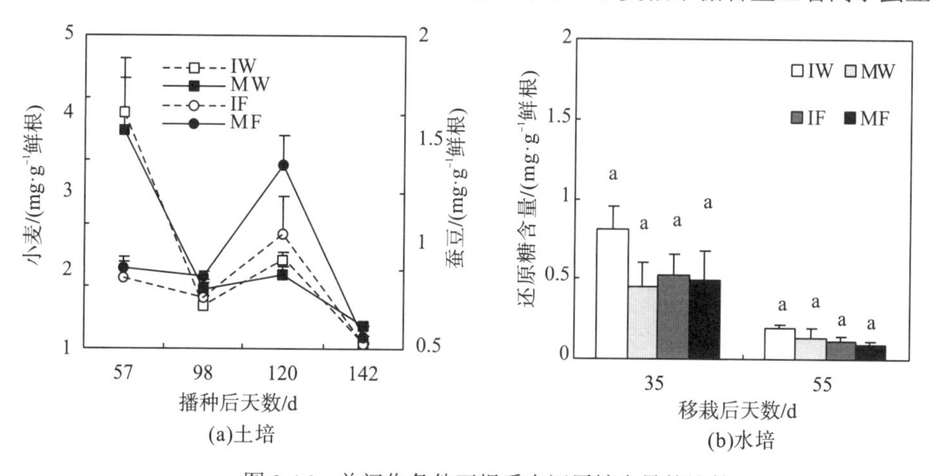

图 3-16　单间作条件下根系中还原糖含量的比较

从根系中还原糖含量来看(图 3-16)，小麦蚕豆间作对根系中还原糖含量没有影响，土培和水培条件下，单间作蚕豆和小麦之间均没有差异。

从不同生育期还原糖含量来看，小麦根系中还原糖变化趋势与总糖一致，均表现为分蘖期＞拔节期＞孕穗期＞灌浆期，土培、水培条件下规律一致。对于蚕豆而言，土培条件下还原糖含量表现为结荚期＞分枝期、开花期＞籽粒膨大期，水培条件下还原糖含量则表现为分枝期＞开花期。从小麦蚕豆根系中还原糖含量来看，总体表现为小麦＞蚕豆，但是水培条件下差异不大。

从根系的蔗糖含量来看(图 3-17)，土培和水培条件下，小麦蚕豆间作均有提高小麦根系中蔗糖含量的趋势。土培条件下，在小麦拔节期，间作根系中蔗糖的含量是单作小麦的 1.14 倍。从蚕豆根系来看，土培及水培条件下，间作均有降低蚕豆根系蔗糖含量的趋势，但是差异均没有达到显著水平。

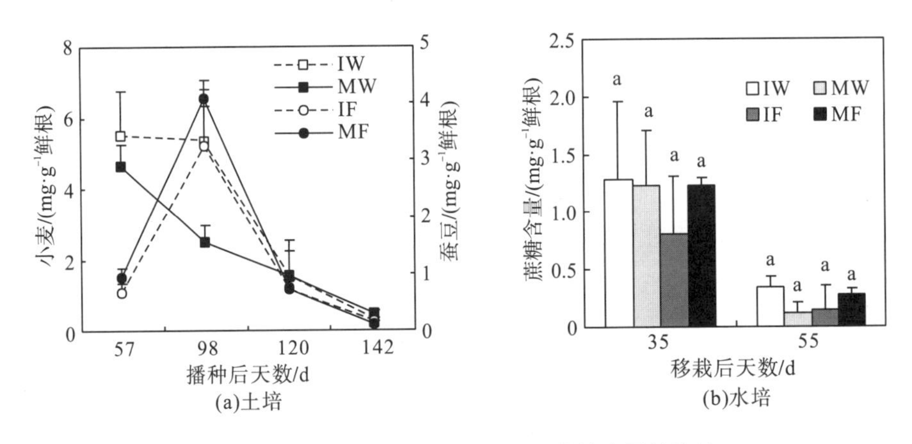

图 3-17 单间作条件下根系中蔗糖含量的比较

从不同生育期及不同物种根系中蔗糖的变化情况来看，根系中蔗糖的变化规律与总糖的变化规律一致。

3.3.3.2 根系分泌物中的糖含量和种类

从根系分泌物中的总糖变化情况来看(图 3-18)，间作改变了根系分泌物中糖的含量。但是间作在不同生育期对小麦、蚕豆的影响并不相同，而且不同的栽培介质条件下，间作的影响也不相同。土培条件下，间作在全生育期均没有改变蚕豆根系分泌中糖的含量，但是水培条件下，在移栽后第 35 d、第 55 d、第 85 d，小麦蚕豆间作根系分泌物中总糖的含量分别是单作蚕豆的 3.16 倍、2.78 倍和 3.92 倍。对小麦而言，水培条件下，与单作相比，间作没有改变根系分泌物中糖的含量。但是，土培条件下，在小麦拔节期、孕穗期和灌浆期，间作分别提高根系分泌物中糖含量的 126.9%、34.9%和 59.8%。

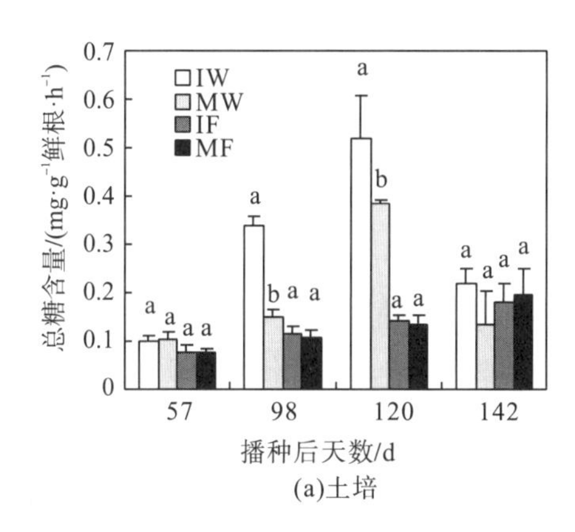

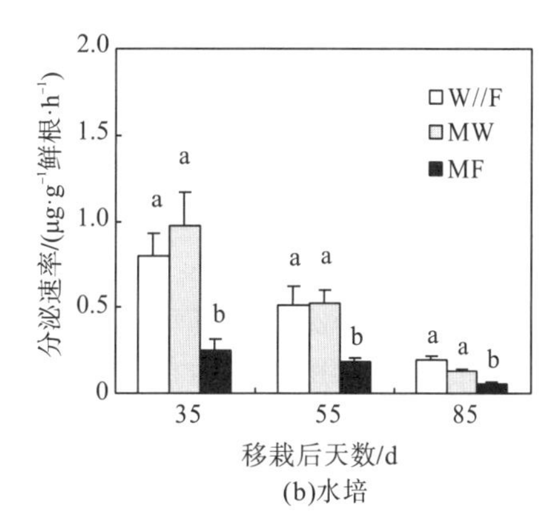

图 3-18 单间作条件下根系分泌物中总糖含量的比较

比较水培和土培条件下根系分泌物中糖的含量还可以看出，栽培介质直接影响糖的分泌量，表现出土培高于水培。从图 3-18 中可以看出，不同栽培条件下，间作对小麦和蚕豆根系糖的分泌影响并不相同。但总体而言，间作不同程度地提高了根系分泌物中糖的含量。

从图 3-19 可以看出，土培条件下，间作没有改变根系分泌物中还原糖的含量。同样，水培条件下，与单作小麦相比，间作也没有改变根系分泌还原糖的数量和速率。但是与单作蚕豆相比，在移栽后第 35 d、第 55 d、第 85 d，小麦蚕豆间作根系分泌物中还原糖的含量分别是单作蚕豆的 2.58 倍、3.68 倍和 3.31 倍。

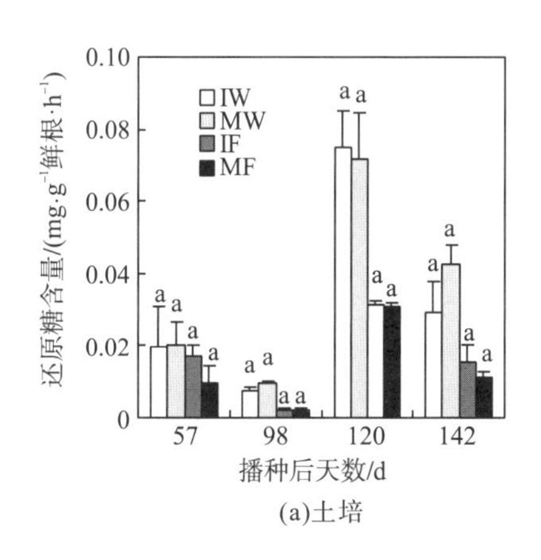

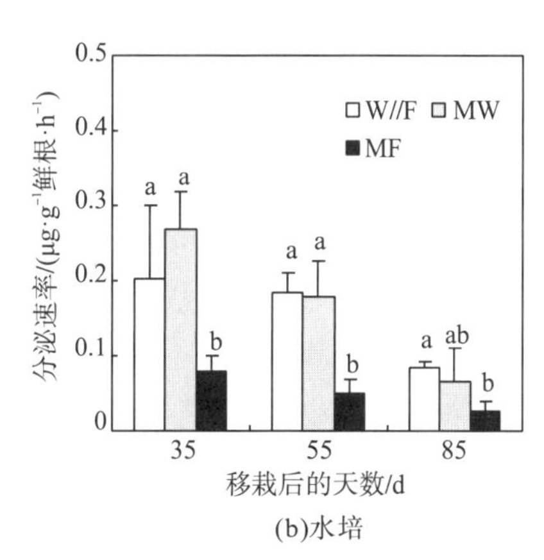

图 3-19 单间作条件下根系分泌物中还原糖含量的比较

水培和土培试验表明，各个生育期，小麦单位鲜根、单位时间内分泌还原糖的速率高于蚕豆。进一步说明不同物种之间根系分泌速率存在较大差异。从不同生育期根系分泌中糖含量的变化情况来看，土培条件下，根系分泌还原糖含量的最高速率出现在小麦孕穗期、蚕豆结荚期(播种后第 120 d)，而水培条件下则出现在小麦分蘖期、蚕豆分枝期(移栽后第 35 d)，说明栽培介质影响了最大分泌速率出现的时期。此外，土培试验条件下，根系分泌还原糖含量也显著高于水培条件，说明栽培介质对根系还原糖的分泌影响较大。

根系分泌物中蔗糖的变化与还原糖不同。从图 3-20 可以看出，间作改变了小麦、蚕豆根系分泌物中蔗糖的含量。土培条件下，拔节期、孕穗期、灌浆期，间作小麦根系分泌物中蔗糖的含量分别是单作的 2.37 倍、1.41 倍和 2.0 倍。但是间作没有改变蚕豆根系分泌物中蔗糖的含量。而水培条件下，在移栽后第 35 d、第 55 d、第 85 d，与单作蚕豆相比，小麦蚕豆间作根系分泌物中蔗糖的含量分别是单作蚕豆的 3.42 倍、2.45 倍和 4.57 倍。

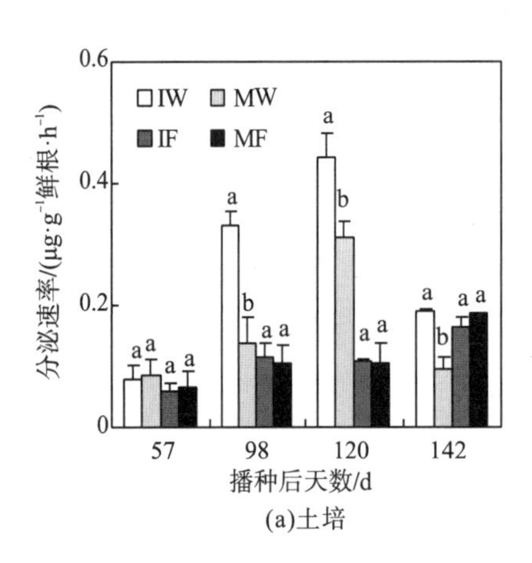

(a)土培

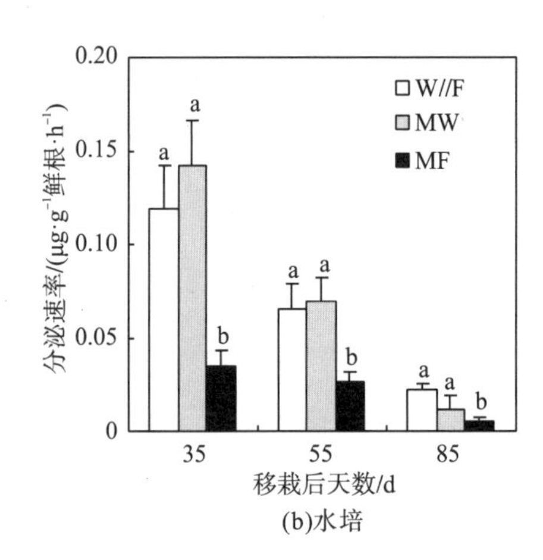

(b)水培

图 3-20 单间作条件下根系分泌物中蔗糖含量的比较

图 3-20 还反映出，不同的栽培介质直接影响根系分泌蔗糖的能力，在本试验条件下表现为土培＞水培。从根系分泌物中糖的种类来看，蔗糖＞还原糖。从图 3-20 还可以看出，栽培介质不同，小麦蚕豆间作对蔗糖分泌的影响不同，这还需要进一步研究。

3.3.3.3 根际土中糖的含量和种类

根际土中糖的变化趋势与氨基酸不同。从图 3-21 中可以看出，在小麦全生育期，单间作小麦根际土中水溶性总糖含量没有差异，这可能与根际微生物有关。从不同生育期单间作小麦根际土中总糖含量来看，不同生育期根际土中总糖含量差异较大，在小麦拔节期含量最高，小麦分蘖期含量最低。

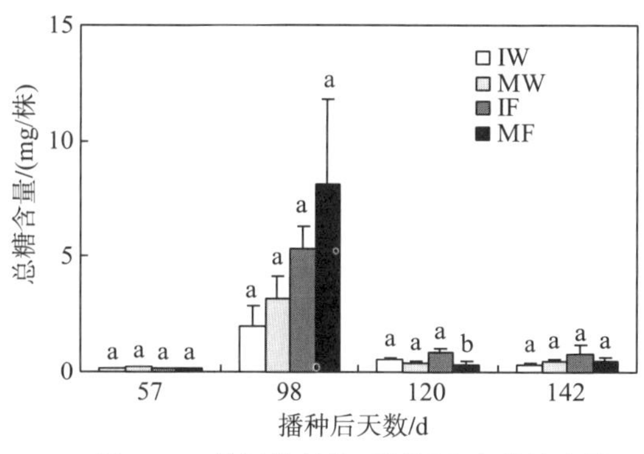

图 3-21　单间作条件下根际土中总糖含量

蚕豆根际土中总糖的变化规律与小麦一致。从图 3-21 中可以看出，在蚕豆分枝期，根际土中总糖含量最低，蚕豆开花期根际土中总糖含量最高。在蚕豆结荚期，小麦蚕豆间作显著提高了根际土中总糖的含量，间作蚕豆根际土总糖含量是单作的 2.59 倍。

根际土中还原糖变化趋势与总糖不同。从图 3-22 可以看出，全生育期小麦、蚕豆根际土中还原糖含量差异不大。全生育期间作均没有改变小麦根际土中还原糖含量，但是间作在蚕豆结荚期显著提高了根际土中还原糖含量。与单作相比，间作蚕豆根际土中还原糖含量是单作的 4.04 倍。

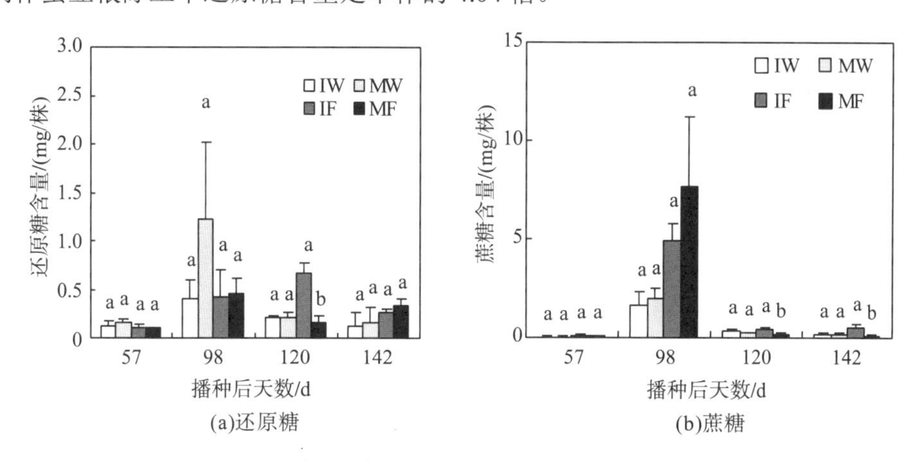

图 3-22　单间作条件下根际土中的还原糖含量和蔗糖含量

从根际土中蔗糖的含量来看，全生育期根际土中蔗糖的变化趋势与总糖一致。间作在全生育期均没有改变小麦根际土蔗糖含量，但是在蚕豆结荚期和籽粒膨大期，间作蚕豆根际土中蔗糖含量分别是单作的 2.49 倍和 5.07 倍。从全生育期根际土中蔗糖含量的变化趋势来看，小麦拔节期、蚕豆开花期(第 98 d)根际土中蔗糖含量最高，小麦分蘖期、蚕豆分枝期(第 57 d)根际土中蔗糖含量最低。

3.3.4 根系氨基酸的分泌

3.3.4.1 小麦蚕豆间作根系中的氨基酸含量

从图 3-23 可以看出，土培和水培试验条件下，在小麦分蘖期、拔节期、孕穗期，小麦蚕豆间作均有提高小麦根系中游离氨基酸含量的趋势，但是差异均没有达到显著水平。与单作蚕豆相比，间作也没有改变蚕豆根系中游离氨基酸的含量。

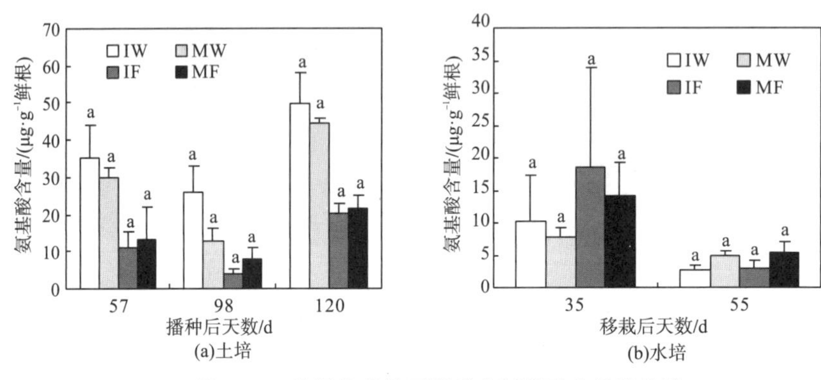

图 3-23 单间作条件下根系中氨基酸含量的比较

从不同生育期根系中游离氨基酸的含量来看，土培试验条件下，在小麦孕穗期、蚕豆结荚期根系游离氨基酸含量最高，小麦分蘖期、蚕豆分枝期次之，小麦拔节期、蚕豆开花期游离氨基酸含量最低。水培条件下游离氨基酸含量也表现为小麦分蘖期、蚕豆分枝期高于小麦拔节期、蚕豆开花期。这可能是由于小麦分蘖期、蚕豆分枝期是根系活力最强、生长最旺盛的时期，此时游离氨基酸含量较高。而小麦孕穗期及蚕豆结荚期是小麦和蚕豆的旺盛生长期及代谢能力最强的时期，此时根系中氨基酸的含量最高。

就小麦蚕豆根系中游离氨基酸的含量来看，栽培介质对根系中游离氨基酸的含量影响较大。在土培条件下，游离氨基酸含量表现为小麦＞蚕豆，而水培条件下，小麦蚕豆根系游离氨基酸含量差异不大，说明土培条件直接影响不同物种间根系游离氨基酸的含量。

3.3.4.2 根系分泌物中的氨基酸含量

从图 3-24 可以看出，土培条件下，单间作小麦根系分泌物中氨基酸含量均没有显著差异。但是，间作在蚕豆分枝期、开花期、结荚期、籽粒膨大期均提高了根系分泌物中氨基酸的含量。与单作相比，增幅分别为 75.9%、19.6%、41.5%、39.6%，而且除了蚕豆开花期，其他各个生育期单间作差异均达到了显著水平。水培条件下，与单作相比，小麦蚕豆间作没有改变根系分泌物中氨基酸的含量。

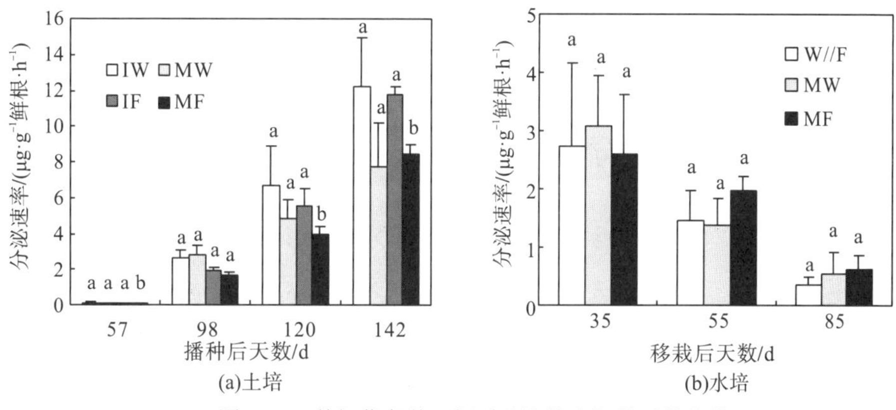

图 3-24 单间作条件下根系分泌物中氨基酸的比较

从图 3-24 还可以看出，不同生育期根系氨基酸分泌速率不同。在土培条件下，随着生育期的推移，单间作根系氨基酸分泌速率随之增加。而水培条件下，氨基酸分泌速率则随着生育期推移而降低。此外，在小麦蚕豆全生育期，根系氨基酸分泌速率均表现为土培高于水培，说明栽培介质不但影响不同生育期氨基酸的分泌速率，同时还影响氨基酸最大分泌速率时期的出现。

3.3.4.3 根际土中氨基酸的含量

从根际土中氨基酸的含量来看(图 3-25)，在蚕豆全生育期，间作均显著提高了根际土中氨基酸的含量，与单作相比，在蚕豆分枝期、开花期、结荚期、孕穗期，间作蚕豆根际土氨基酸含量分别是单作的 1.9 倍、3.8 倍、2.29 倍、7.6 倍。在小麦分蘖期及拔节期，单间作小麦根际土氨基酸含量没有显著差异，但是在小麦孕穗期及灌浆期，间作显著提高了根际土氨基酸含量。与单作小麦相比，孕穗期间作可提高根际土氨基酸含量的 49.3%，灌浆期间作小麦根际土氨基酸含量是单作小麦的 2.18 倍。

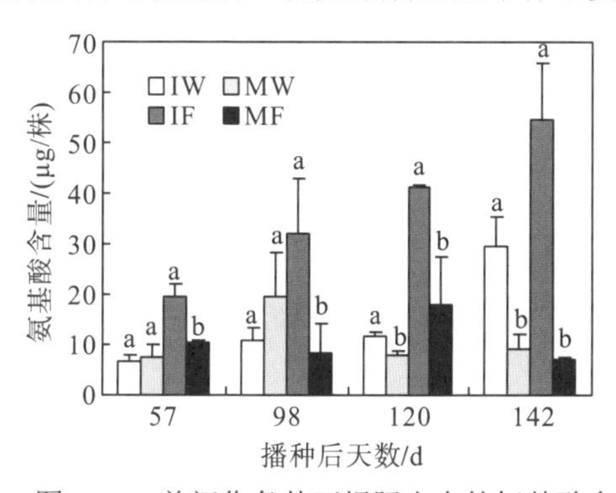

图 3-25 单间作条件下根际土中的氨基酸含量

进一步比较小麦、蚕豆根际土中氨基酸的含量可以看出，蚕豆根际土中氨基酸的含量高于小麦根际土，其中在小麦孕穗期(蚕豆结荚期)差异达到显著水平。

这也进一步说明，物种不同，根系分泌物的种类和数量都有显著差异。其中，就氨基酸分泌量而言，蚕豆大于小麦，因此蚕豆根际土氨基酸含量显著高于小麦。

3.3.5 根系黄酮的分泌

3.3.5.1 根系不同分隔方式对蚕豆分泌柚皮素的影响

图 3-26 表明，土培试验中，相比氮肥施用量，根系分隔方式对小麦//蚕豆体系柚皮素分泌影响更明显。相同根系分隔方式下，蚕豆柚皮素分泌量随生育期推移而逐渐减少。同一生育期内，不同分隔方式条件下，采用尼龙分隔和无分隔方式的蚕豆根系分泌柚皮素高于采用塑料分隔方式，尤其蚕豆开花期(第 60 d)，低氮条件下，无分隔和尼龙分隔方式的蚕豆根系分泌柚皮素分别高于塑料分隔方式 54.60%和 34.05%，推荐氮肥用量条件下，无分隔和尼龙分隔方式的蚕豆根系分泌柚皮素分别高于塑料分隔方式 66.95%和 24.58%，蚕豆结荚和鼓粒期，不同分隔方式间差异不显著，说明根系之间有相互作用(无分隔、尼龙分隔)时更能促进蚕豆柚皮素的分泌，同时说明蚕豆开花期(第 60 d)间作根系不同分隔方式对柚皮素分泌影响较大。高氮条件下，不同根系分隔方式间柚皮素分泌差异不显著。水培试验具有相同的趋势和结论。

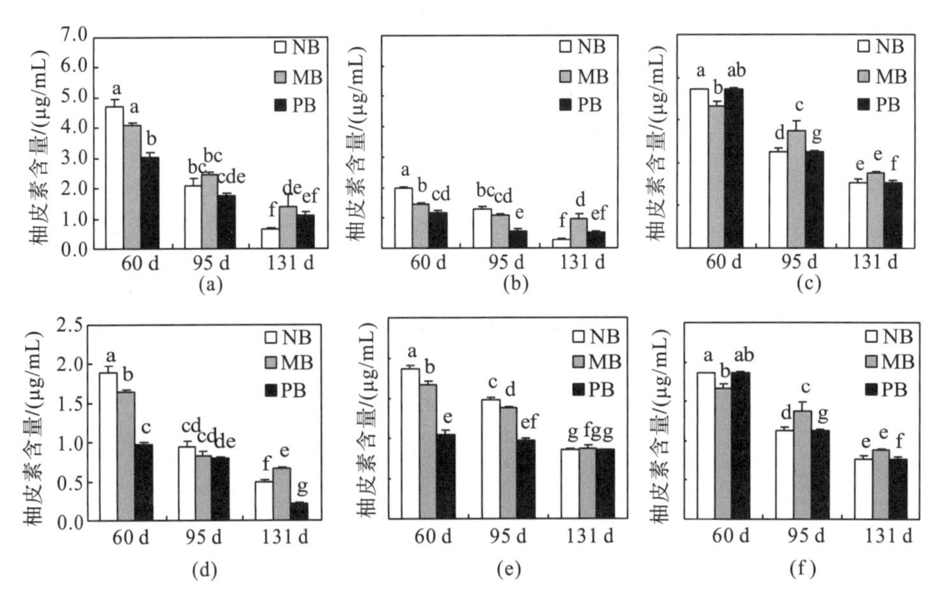

图 3-26 不同处理蚕豆分泌柚皮素差异比较

(a) (b) (c) 分别为土培试验中 N/2、N 和 3N/2 时不同分隔方式蚕豆柚皮素分泌量；(d) (e) (f) 分别为水培试验中 N/2、N 和 3N/2 时不同分隔方式蚕豆柚皮素分泌量。NB、MB、PB 分别表示根系无分隔、尼龙网分隔、塑料分隔。N/2、N 和 3N/2 分别表示减氮 1/2 处理、正常施氮处理和 1.5 倍施氮处理。

3.3.5.2　根系不同分隔方式对蚕豆柚皮素分泌速率的影响

表 3-7 表明，蚕豆根系分泌柚皮素的速率随施氮量的增加逐渐减小，尤其在作物生长前期第 60 d 差异明显。土培试验中，蚕豆生长第 60 d 时，减氮 1/2 处理蚕豆根系柚皮素分泌速率高于正常施氮处理和 1.5 倍施氮处理，水培试验中减氮 1/2 处理也高于正常施氮处理和 1.5 倍施氮处理，说明养分胁迫条件会增加蚕豆柚皮素分泌速率。由表 3-7 还可以看出，蚕豆柚皮素的分泌速率还受到根系分隔方式的影响，同样在蚕豆生长第 60 d 时差异最显著。土培试验中，减氮 1/2 处理条件下，尼龙网分隔柚皮素的速率高于塑料分隔和无分隔；正常施氮处理条件下，具有相反的趋势，无分隔高于塑料分隔和尼龙网分隔，1.5 倍施氮处理条件下，不同根系分隔方式对蚕豆柚皮素的分泌速率没有明显影响。水培试验与土培试验具有相同趋势：一方面，由于养分胁迫条件下，诱导根系产生大量的分泌物；另一方面，根系间有相互作用时，邻近植物的根系会影响作物的生长和根系柚皮素的分泌。

表 3-7　蚕豆不同时期单位时间单位根重柚皮素分泌速率　　（单位：$\mu g \cdot g^{-1} \cdot h^{-1}$）

处理	土培			水培		
	60 d	95 d	131 d	60 d	95 d	131 d
N/2-NB	1.82±0.01^{c}	0.23±0.07^{bc}	0.02±0.01^{bc}	0.59±0.02^{b}	0.09±0.01^{b}	0.02±0.01^{a}
N/2-MB	3.64±0.01^{a}	0.40±003^{a}	0.05±0.01^{a}	0.80±0.02^{a}	0.10±0.01^{b}	0.02±0.01^{a}
N/2-PB	2.62±0.01^{b}	0.28±0.01^{b}	0.04±0.01^{ab}	0.56±0.02^{b}	0.11±0.01^{b}	0.01±0.00^{a}
N-NB	0.62±0.02^{d}	0.10±0.02^{de}	0.01±0.00^{c}	0.49±0.02^{c}	0.13±0.01^{ab}	0.03±0.01^{a}
N-MB	0.57±0.02^{e}	0.12±0.01^{de}	0.03±0.01^{ab}c	0.42±0.02^{d}	0.16±0.02^{a}	0.03±0.01^{a}
N-PB	0.58±0.01^{de}	0.07±0.02^{e}	0.02±0.01^{ab}	0.36±0.02^{e}	0.10±0.02^{b}	0.03±0.01^{a}
3N/2-NB	0.14±0.02^{f}	0.10±0.01^{de}	0.02±0.01^{bc}	0.21±0.01^{f}	0.09±0.01^{b}	0.02±0.01^{a}
3N/2-MB	0.11±0.02^{f}	0.15±0.02^{de}	0.02±0.00^{bc}	0.24±0.02^{f}	0.15±0.01^{a}	0.03±0.01^{a}
3N/2-PB	0.13±0.02^{f}	0.18±0.02^{cd}	0.05±0.01^{a}	0.18±0.01^{f}	0.11±0.01^{b}	0.02±0.01^{a}

3.4　间作根系分泌物对蚕豆枯萎病菌的响应

3.4.1　病原菌侵染后蚕豆根系中有机酸含量和种类的变化

3.4.1.1　单间作蚕豆根系有机酸总量的变化

从图 3-27 可以看出，接种蚕豆病原菌后，单间作蚕豆根系中有机酸总量均有不同程度的降低。在接种后的第 1 d 和第 2 d，间作蚕豆根系有机酸总量降至接种前的 84.1%和 51.7%，其中在接种后第 2 d，间作蚕豆根系有机酸总量降至最低。在接种后第 3 d，根系有机酸总量有上升的趋势。接种蚕豆枯萎病病原菌后，单作蚕豆根系有机酸也有降低的趋势，但是降幅没有间作条件下明显。

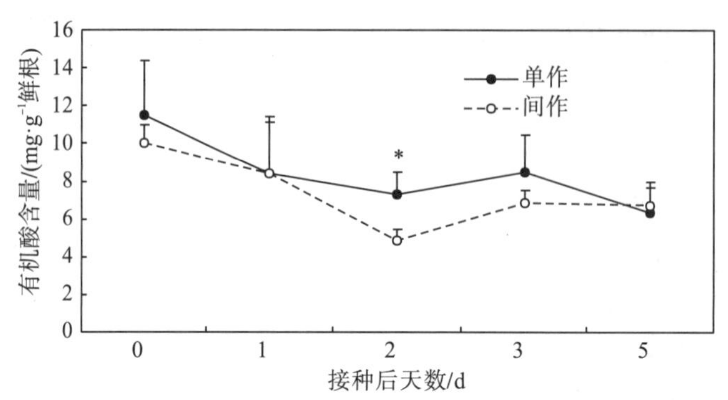

图 3-27　接种病原菌后单间作蚕豆根系中有机酸含量

*表示单间作处理之间差异显著（P<0.05）

从单间作蚕豆根系有机酸总量来看，接种枯萎病病原菌后第 2 d 和第 3 d，蚕豆根系有机酸总量表现为间作小于单作。尤其在接种后第 2 d，单间作蚕豆根系有机酸总量差异达到显著水平，间作蚕豆根系有机酸总量比单作低 50.2%。从根系有机酸总量的变化情况来看，单间作蚕豆对枯萎病病原菌的响应程度不同，间作蚕豆根系有机酸总量下降迅速，说明间作改变了蚕豆对枯萎病病原菌的响应程度。

3.4.1.2　单间作蚕豆根系有机酸种类和含量的变化

从根系中有机酸种类的变化情况来看（表 3-8），接种病原菌后，根系有机酸种类及含量也发生了不同程度的变化。从有机酸种类来看，接种后根系中增加了酒石酸，但是单间作蚕豆的响应程度不同。单作蚕豆在接种后第 1 d，即在根系中检测到酒石酸，而间作蚕豆则在接种后第 3 d 才检测到。同时，接种后第 5 d，单作根系中马来酸未被检测到，但是间作蚕豆根系中检测到马来酸。从有机酸种类的变化来看，也说明单间作蚕豆对枯萎病病原菌的响应并不相同。

从根系中不同种类有机酸含量来看，接种后第 1～5 d，单间作蚕豆根系中苹果酸的含量有降低的趋势，但差异没有达到显著水平。间作蚕豆根系中的乳酸含量却在接种后第 1 d 显著升高，也高于相应的单作。单作根系中的乳酸含量则是在接种后第 2 d 显著升高。至接种后第 3 d，单间作蚕豆根系中乳酸含量随之降低；但是单作蚕豆降幅更大，至接种后第 5 d，单作根系乳酸含量显著低于间作。根系中乙酸的变化趋势与乳酸有所不同。接种后第 1 d 和第 2 d，根系中乙酸含量迅速降低，至接种后第 3 d 乙酸含量有上升的趋势。且在接种后的第 2 d 和第 3 d，间作根系乙酸含量显著低于单作。根系中的柠檬酸、富马酸含量也随着接种时间的推移逐渐降低，但单间作之间没有差异。

表 3-8　接种蚕豆枯萎病病原菌后单间作蚕豆根系有机酸种类的变化　（单位：mg・g^{-1}鲜根）

接种后天数	种植模式	酒石酸	苹果酸	乳酸	乙酸	马来酸	柠檬酸	富马酸
0 d	MF	—	3.42±1.44^{a}	0.232±0.06^{a}	4.51±0.69^{a}	0.0091±0.002^{a}	3.18±0.73^{a}	0.161±0.06^{a}
	IF	—	3.12±0.599^{a}	0.178±0.039^{a}	4.043±1.12^{a}	0.0072±0.003^{b}	2.49±0.45^{a}	0.167±0.085^{a}
1 d	MF	0.135±0.032	3.49±1.40^{a}	0.185±0.09^{b}	2.76±1.009^{a}	0.0022±0.0001^{a}	1.71±0.51^{a}	0.125±0.056^{a}
	IF	—	2.49±1.35^{a}	0.4±0.59^{a}	3.08±0.26^{a}	0.0022±0.0007^{a}	2.37±0.66^{a}	0.066±0.013^{a}
2 d	MF	—	2.52±1.11^{a}	0.668±0.35^{a}	1.22±0.27^{a}	0.02±0.012^{a}	2.76±1.29^{a}	0.078±0.03^{a}
	IF	—	1.72±0.79^{a}	0.45±0.3^{a}	0.58±0.18^{b}	0.02±0.012^{a}	1.99±0.8^{a}	0.067±0.01^{a}
3 d	MF	0.293±0.095^{a}	3.04±1.58^{a}	0.209±0.15^{a}	3.05±0.48^{a}	0.004±0.0008^{a}	1.74±0.17^{a}	0.107±0.06^{a}
	IF	0.17±0.15^{a}	3.08±0.3^{a}	0.19±0.036^{a}	1.93±0.14^{b}	0.00079±0.000008^{b}	1.38±0.23^{a}	0.108±0.034^{a}
5 d	MF	0.29±0.09^{a}	2.18±0.45^{a}	0.074±0.018^{b}	2.22±0.53^{a}	—	1.504±0.36^{a}	0.094±0.005^{a}
	IF	0.20±0.1^{a}	2.37±0.46^{a}	0.17±0.028^{a}	2.25±0.49^{a}	0.0012±0.0001	1.59±0.44^{a}	0.113±0.04^{a}

注：相同的字母表示同一采样时期及同一有机酸种类，单间作处理之间无显著差异；不同的字母表示同一采样时期及同一有机酸种类，单间作处理之间有显著差异(P<0.05)。

总之，接种病原菌引起了单间作蚕豆根系有机酸数量和种类的变化。但是单间作蚕豆对病原菌的响应程度不同。从根系中有机酸的种类来看，主要表现在酒石酸、苹果酸、马来酸、乳酸、乙酸含量上的差异。

3.4.2 病原菌侵染后蚕豆根际土中有机酸含量和种类的变化

3.4.2.1 单间作蚕豆根际土中有机酸总量的变化

接种病原菌后，单间作蚕豆根际土中有机酸总量都发生了不同程度的变化。从图 3-28 可以看出，接种病原菌后，间作蚕豆根际土有机酸总量迅速下降，与接种前 1 d 相比，间作根际土有机酸总量大幅下降，接种后第 2 d，根际土有机酸总量继续下降，但降低幅度不大，至接种后第 3 d，间作根际土有机酸总量有上升的趋势。而单作蚕豆根际土有机酸总量虽然呈现降低的趋势，但总体变化不大。至接种后第 3 d，根际有机酸总量与接种前相比，降低了 30.2%。研究结果说明，在接种病原菌后，单间作蚕豆根系有机酸的分泌特性发生了改变，间作蚕豆根系有机酸的分泌对病原菌的响应更强烈，表现为有机酸含量迅速降低。

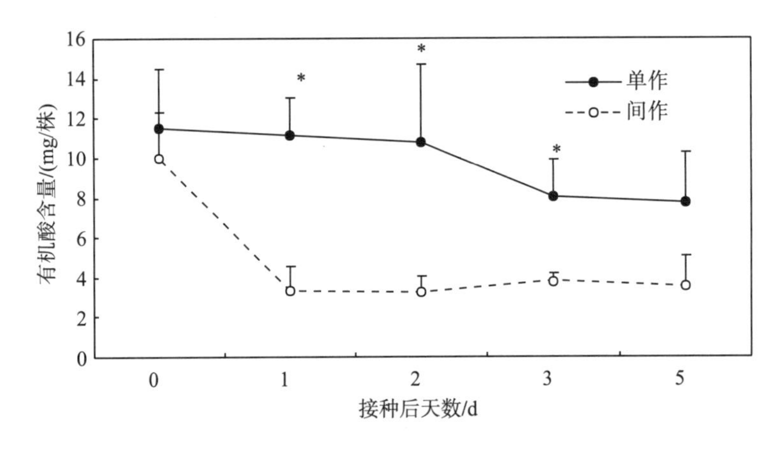

图 3-28 接种病原菌后单间作蚕豆根际土中有机酸含量

*表示单间作处理之间差异显著（$P<0.05$）。

从单间作蚕豆根际土中有机酸总量的比较可以看出，在接种病原菌第 1 d、第 2 d、第 3 d，间作蚕豆根际土有机酸总量均显著低于单作蚕豆。单作蚕豆根际土有机酸总量分别是间作蚕豆的 3.38 倍、3.31 倍和 2.15 倍。从研究结果可以看出，在病原菌存在的情况下，间作蚕豆根系有机酸分泌显著低于单作蚕豆，且两者的差异在接种后第 1 d～第 3 d 差异最大。

3.4.2.2　单间作蚕豆根际土中有机酸种类的变化

从单间作蚕豆根际土中有机酸的种类可以看出(表 3-9)，接种病原菌后，单间作蚕豆根际土中有机酸种类发生了变化。其中，有机酸改变的种类主要是酒石酸和马来酸。接种病原菌后，单间作蚕豆根际土中均未检测到马来酸，说明接种病原菌抑制了蚕豆根系马来酸的分泌或抑制了马来酸在根际土中的积累。而接种病原菌后，根际土中增加了酒石酸，但是单间作蚕豆对病原菌的响应程度不同。单作蚕豆在接种后第 1 d 就检测到了酒石酸，而间作蚕豆在接种后第 3 d 才检测到酒石酸。试验结果说明，接种病原菌后促进了酒石酸在根际土中的累积或促进了酒石酸的分泌。

从根际土中有机酸的种类和含量来看，接种病原菌后，单间作蚕豆根际土中乳酸含量没有变化，且单间作蚕豆之间也没有差异。而接种病原菌后，单间作蚕豆根际土中乙酸、柠檬酸及富马酸含量均迅速下降。接种后第 1 d，单间作蚕豆根际土中乙酸含量下降，单间作处理之间没有差异。与之不同的是，单间作蚕豆根际土中柠檬酸和富马酸含量差异显著，表现为单作大于间作。在接种后第 1 d、第 2 d、第 3 d、第 5 d，单作根际土中柠檬酸含量是间作的 4.31 倍、3.65 倍、4.58 倍、3.19 倍；在接种后第 1 d，单作根际土中富马酸含量是间作的 3.75 倍。

接种病原菌后，单间作蚕豆根际土中苹果酸的变化趋势也各不相同。单作蚕豆在接种病原菌后，根际土中苹果酸含量迅速上升，接种后第 1 d 和第 2 d，单作蚕豆根际土中苹果酸含量上升至接种前的 1.81 倍和 1.75 倍。至接种后第 3 d，根际土中苹果酸含量迅速下降至接种前的水平。在接种后第 1 d，间作蚕豆根际土中苹果酸含量则迅速降低。接种后第 2 d～第 5 d，苹果酸含量没有变化。比较单间作蚕豆根际土苹果酸含量可以看出，接种病原菌后，间作蚕豆根际土中苹果酸含量显著低于相应的单作。在接种后第 1 d、第 2 d、第 3 d、第 5 d，单作蚕豆根际土中苹果酸含量是间作的 6.80 倍、5.76 倍、2.69 倍和 2.85 倍。

总之，接种病原菌后，单间作蚕豆根际土有机酸的种类发生了显著改变，主要是酒石酸和马来酸含量的改变。此外，不同种类有机酸的含量也发生了改变。较单作而言，间作蚕豆对病原菌的响应更为强烈，表现为有机酸种类的减少和含量的迅速降低，主要表现为苹果酸、柠檬酸和富马酸含量的降低。结果充分说明，病原菌对单间作蚕豆根系有机酸分泌均有影响，但是单间作蚕豆对病原菌的响应程度和响应方式各不相同。

表 3-9 接种病原菌后单间作蚕豆根际土有机酸种类

（单位：mg/株）

接种后天数/d	种植模式	酒石酸	苹果酸	乳酸	乙酸	马来酸	柠檬酸	富马酸
0	MF	—	3.42±1.44[a]	0.23±0.06[a]	4.51±0.69[a]	0.0091±0.0025[a]	3.18±0.73[a]	0.1613±0.06[a]
	IF	—	3.12±0.60[a]	0.18±0.04[a]	4.04±1.12[a]	0.0072±0.0034[a]	2.49±0.452[a]	0.1669±0.0856[a]
1	MF	0.30±0.01	6.19±1.44[a]	—	2.52±0.52[a]	—	2.11±0.86[a]	0.06±0.02[a]
	IF	—	0.91±0.35[b]	—	1.89±0.66[a]	—	0.49±0.25[b]	0.0158±0.0062[b]
2	MF	—	5.99±1.37[a]	0.27±0.06[a]	2.37±0.97[a]	—	1.97±0.46[a]	0.0002±0.0007[a]
	IF	—	1.04±0.54b	0.13±0. 03[b]	1.56±0.12[a]	—	0.54±0.094[b]	0.0036±0.001[b]
3	MF	0.37±0.16[a]	3.69±0.98[a]	0.36±0. 08[a]	1.97±0.08[a]	—	1.65±0.65[a]	0.0037±0.001[a]
	IF	0.30±0.09[a]	1.37±0.35[b]	0.25±0. 03[a]	1.65±0.04[a]	—	0.36±0.044[b]	0.0033±0.0008[a]
5	MF	0.49±0.14[a]	3.25±1.03[a]	0.30±0.06[a]	2.33±0.98[a]	—	1.37±0.45[a]	0.0020±0.0002[a]
	IF	0.38±0.11[b]	1.14±0.41[b]	0.22±0.01[a]	1.54±0.44[a]	—	0.43±0.17[b]	0.0025±0.0007[a]

注：相同的字母表示同一采样时期及同一有机酸种类，单间作处理之间无显著差异；不同的字母表示同一采样时期及同一有机酸种类，单间作处理之间有显著差异(P<0.05)。

3.4.3　病原菌侵染后蚕豆根系及根际土有机酸含量与枯萎病的相关分析

接种病原菌后，对蚕豆根系中不同种类有机酸含量与蚕豆枯萎病发病率进行相关分析发现(图 3-29)，蚕豆根系中各类有机酸的含量与蚕豆枯萎病发病率之间没有显著相关关系，有机酸总量与蚕豆枯萎病发病率之间也没有相关关系。这说明，病原菌浸染后，蚕豆枯萎病发病率与根系中有机酸的含量没有相关关系。

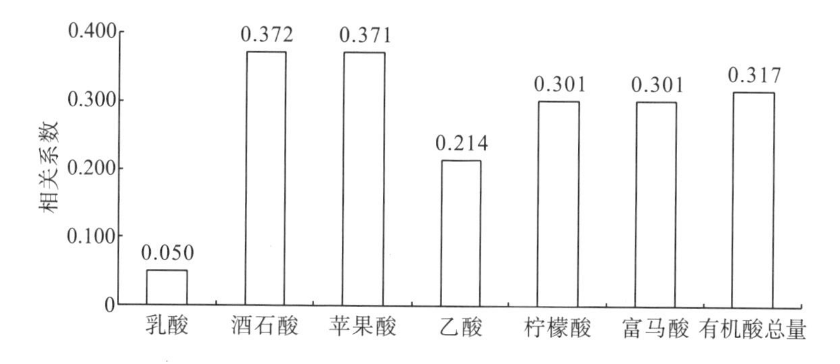

图 3-29　蚕豆根系有机酸含量与枯萎发病率的相关分析(n=8)

但是，病原菌侵染后，根际土中不同种类有机酸的含量却与蚕豆枯萎病发病率密切相关(图 3-30)。从图 3-30 中可以看出，根际土中酒石酸、苹果酸、乙酸、柠檬酸和总有机酸的含量与蚕豆枯萎病发病率之间呈极显著的正相关关系，说明病原菌侵染后，根际土中酒石酸、苹果酸、乙酸、柠檬酸等的含量直接影响蚕豆枯萎病的发病率。

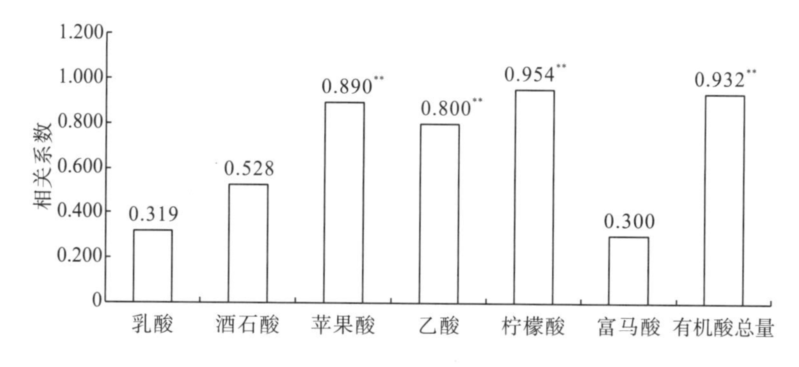

图 3-30　蚕豆根际土有机酸含量与枯萎发病率的相关分析(n=8)

3.5 作物产量和生物量

3.5.1 产量和土地当量比

田间试验条件下，小麦蚕豆间作显著提高了小麦的产量(表 3-10)，对蚕豆产量无影响。与蚕豆间作相比，小麦产量提高了 26.35%，土地当量比为 1.20，表现为显著的间作产量优势。

表 3-10 小麦蚕豆间作成熟期地上部产量 (单位：kg/hm^2)

小麦		蚕豆		LER
M	I	M	I	
221.7[b]	2800[a]	3516[a]	3247[a]	1.14

3.5.2 生物量及种间竞争力

从图 3-31 可以看出，水培和土培条件下，与单作相比，单间作小麦生物量没有差异。在小麦生长发育的前期(分蘖期、拔节期)，间作均没有提高小麦生物量的趋势。至小麦孕穗期，间作有提高小麦生物量的趋势，但差异没有达到显著水平，土培、水培条件下趋势一致。与单作蚕豆相比，间作有提高蚕豆生物量的趋势，尤其在蚕豆开花、结荚期前后。水培条件下，间作平均提高蚕豆生物量的 6.78%～43.29%，其中，在蚕豆开花期前后，差异达到显著水平。土培条件下，在结荚期和籽粒膨大期，间作平均提高蚕豆生物量的 0.89%～10.86%，但差异没有达到显著水平。

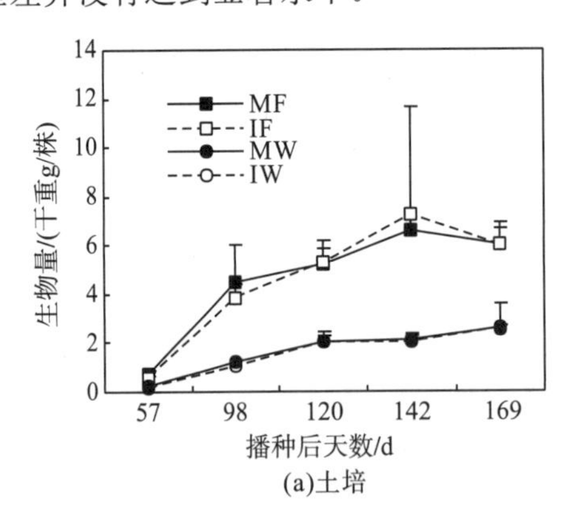

(a)土培

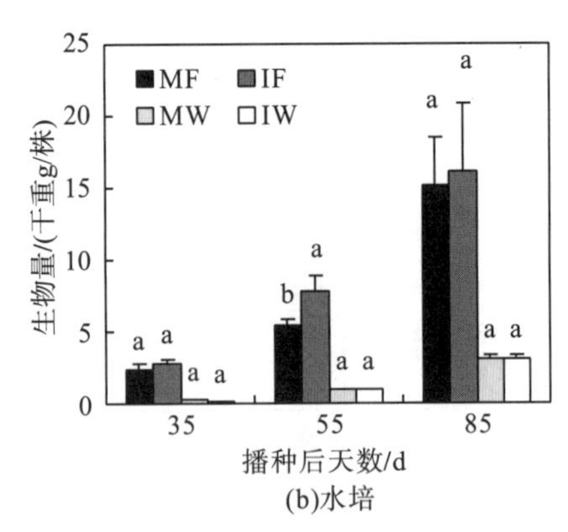

(b)水培

图 3-31 单间作小麦蚕豆生物量比较

土培条件下，5个生育期的生物量LER分别为0.85、0.9、1.02、1.06、1.00。水培条件下，3个生育期的生物量LER分别为0.88、1.13、1.08，说明小麦蚕豆间作在生长前期没有间作优势。这个时期，可能是作物养分、水分竞争较强的时期，因此表现为间作劣势。随着作物由营养生长转入生殖生长阶段，表现为间作优势，说明在生长发育后期，小麦蚕豆处于种间互惠作用，因此LER>1。

进一步对间作小麦和蚕豆进行种间竞争力的分析发现，土培条件下，除了小麦分蘖期$A_{\mathrm{wf}}=0.17$外，在其他4个生育期$A_{\mathrm{wf}}<0$。这说明，小麦蚕豆间作土培条件下，蚕豆的竞争能力强于小麦。在水培条件下，在3个生育期$A_{\mathrm{wf}}<0$，说明小麦蚕豆间作水培条件下，蚕豆的竞争能力也强于小麦。

3.5.3　根系重量及根冠比

从图3-32可以看出，水培和土培条件下，小麦蚕豆间作均有降低小麦根系重量的趋势，但差异没有达到显著水平(除了第142 d的采样)。土培条件下，间作也没有提高蚕豆根重的趋势(除了第142 d的采样)。而水培条件下，间作有提高蚕豆根系重量的趋势。与单作蚕豆相比，间作平均提高蚕豆根系重量的18%～81%；在移栽后第55 d，差异达到显著水平。

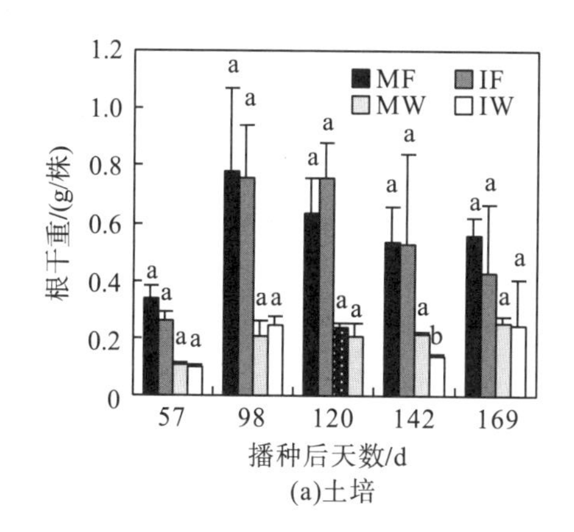

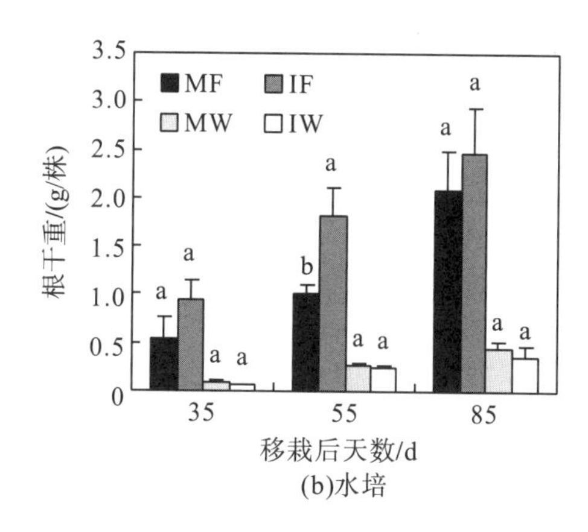

图3-32　单间作小麦蚕豆根干重比较

进一步分析作物的根冠比(表3-11)发现，水培和土培条件下，在小麦整个生育期，间作对小麦根冠比没有影响。但是间作有提高蚕豆根冠比的趋势，特别是水培条件下，间作平均提高蚕豆根冠比的14.8%～72.4%。

表 3-11 小麦蚕豆根冠比

	移栽或播种后天数/d	单作蚕豆(MF)	间作蚕豆(IF)	单作小麦(MW)	间作小麦(IW)
土培试验	98	0.41[a]	0.45[a]	0.23[a]	0.24[a]
	120	0.15[a]	0.19[a]	0.15[a]	0.13[a]
	142	0.13[a]	0.13[a]	0.18[a]	0.15[a]
	169	0.10[a]	0.07[a]	0.11[a]	0.10[a]
水培试验	35	0.29b	0.50[a]	0.63[a]	0.63[a]
	55	0.27[a]	0.35[a]	0.62[a]	0.64[a]
	85	0.27[a]	0.31[a]	0.49[a]	0.49[a]

3.5.4 根系活力

黄高宝和张恩和(1998)早期对间套作系统的研究发现，间套作提高了复合群体的根系活力，为复合群体高效的养分吸收及产量的形成创造了必要条件。本书在水培条件下的研究也发现，间作在小麦拔节期，蚕豆开花期、结荚期均有提高小麦和蚕豆根系活力的趋势(图 3-33)。与单作小麦相比，在小麦拔节期，间作使小麦根系活力达到显著差异。间作提高小麦根系活力的 78.37%。与单作蚕豆相比，在蚕豆开花期至蚕豆结荚期，间作平均提高蚕豆根系活力的 50.3%～453%。在蚕豆结荚期，单间作差异达到显著水平。

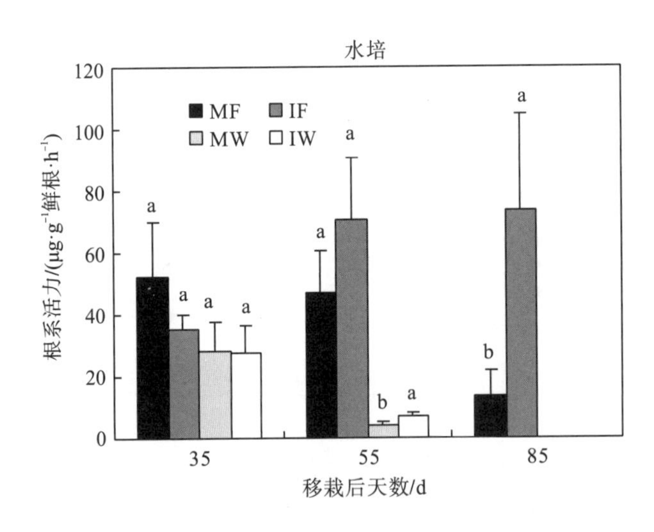

图 3-33 单间作小麦蚕豆根系活力比较

第 4 章　玉米大豆间作的根系互作与根系分泌物变化及其根际效应

4.1　根系互作对间作作物养分吸收分配的影响

4.1.1　根系互作对玉米磷素吸收的影响

由图 4-1 可知，在苗期 NBM（根系不分隔玉米）处理玉米叶中磷含量比 PBM（塑料分隔玉米）处理低 12.4%（$P<0.05$），NBM 处理玉米叶中磷含量比 MBM（尼龙网分隔玉米）处理低 17.9%（$P<0.05$），表明根系互作优势在前期表现得不是很明显。在大喇叭口期以后，NBM 处理的玉米茎、叶中磷含量高于 PBM 处理，但是茎中磷含量在成熟期、叶中磷含量在孕穗期未达到差异显著水平，说明不分隔处理间作系统中玉米对磷的吸收利用有所提高。

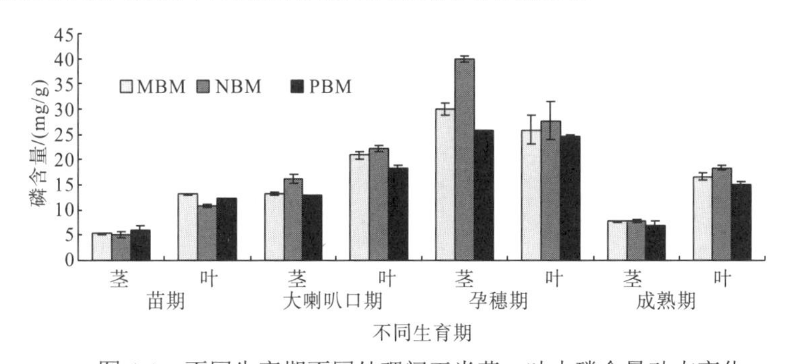

图 4-1　不同生育期不同处理间玉米茎、叶中磷含量动态变化

图中 NBM、MBM、PBM 表示根系不分隔玉米、尼龙网分隔玉米、塑料分隔玉米，后同。图中的不同字母表示同一时期处理间差异达到 0.05 显著水平，后同。

在大喇叭口期，PBM 处理玉米茎中磷含量比 MBM 处理、NBM 处理分别低 1.9%、20.2%，当只有地下部水分和养分的相互交换时，即 MBM 处理玉米对磷的吸收利用率要低于根系完全相互作用，而高于 PBM 处理。NBM 处理玉米茎中磷含量比 MBM 处理高 18.7%（$P<0.05$），比 PBM 处理高 25.4%，表明在磷吸收利用方面，根系完全相互作用的贡献高于地下部水分、养分的相互交换。

随着生育期的逐渐推进，在孕穗期各个处理玉米茎、叶中磷含量都已经达到最大，首先从玉米各个处理磷含量变化看，NBM 处理的玉米茎比 PBM 处理高 55.0%($P<0.05$)，比 MBM 处理高 32.6%($P<0.05$)，MBM 处理的玉米茎中磷含量比 PBM 处理高 16.8%($P<0.05$)。

在成熟期，玉米各个处理的茎、叶中磷含量都有所下降，各个处理玉米茎中磷含量下降最快，其次是玉米叶中磷含量，玉米整个生长发育过程对磷的吸收利用呈现慢吸收—快吸收—慢吸收的过程。当根系完全互作时，更有利于玉米根系对磷的吸收利用，NBM 处理的玉米叶中磷含量比 MBM、PBM 分别高 10.6%、22.2%。从玉米叶中磷的含量来看，NBM 处理的玉米叶中磷含量最高，只有地下部物质、能量相互交换与只有地上部光、热资源竞争更有利于对磷的吸收利用。

4.1.2 根系互作对大豆磷素吸收的影响

由图 4-2 可知，在苗期 NBS(根系不分隔大豆)处理的大豆茎中磷含量要低于其他两个处理，表明在苗期根系完全相互作用并没有增加大豆根系对磷的吸收。在苗期，NBS 处理大豆叶中磷含量比 PBS(塑料分隔大豆)处理、MBS(尼龙网分隔大豆)处理分别低 13.4%、8.7%。在分枝期，NBS 处理的大豆茎、叶中磷含量比 PBS 处理分别高 21.3%、11.4%($P<0.05$)，表明在根系完全相互作用中，在一定程度上也提高了大豆对磷的吸收利用。

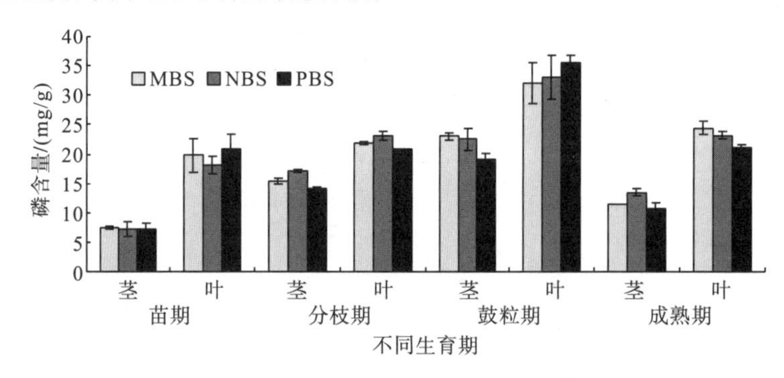

图 4-2 不同生育期不同处理间大豆茎、叶中磷含量动态变化

图中 NBS、MBS、PBS 表示根系不分隔大豆、尼龙网分隔大豆、塑料分隔大豆，后同。

NBS 处理的间作系统中，由于根系完全互作，在生育前期大豆对磷的竞争能力弱于玉米，从鼓粒期开始，就慢慢恢复对磷素的吸收利用，直到成熟期 NBS 处理的大豆茎、叶中磷含量要比 PBS 处理分别高 24.7%、10.0%，表明大豆对磷的吸收在鼓粒期以后表现出竞争-恢复作用，以弥补前期因为竞争作用而匮乏的磷，从而满足自身生长的需要。

4.1.3　根系互作对玉米、大豆磷素累积的影响

4.1.3.1 根系互作对茎中磷吸收总量的影响

由表 4-1 可知，NBM 处理玉米茎中磷累积量在大喇叭口期、孕穗期比 PBM 处理分别高 24.6%、32.3%(P<0.05)，表明根系互作有利于磷在玉米茎中的累积。与 PBM 处理的玉米相比，MBM 处理玉米茎中磷累积量在大喇叭口期提高了 50.6%(P<0.05)，说明在生长旺盛期，根系的间接相互作用提高了玉米茎中的磷累积量。与 MBM 处理玉米茎中磷累积量相比，NBM 处理在孕穗期、成熟期分别提高了 31.7%、11.3%，NBS 处理的大豆茎中磷累积量在分枝期、鼓粒期比 PBS 处理分别高 36.4%、51.8%(P<0.05)，与玉米茎中磷累积量变化基本一致，表明在根系完全互作间作系统中，两种作物茎中的磷累积量都有一定的促进作用。

表 4-1　不同时期各个处理玉米和大豆茎中磷累积量的比较分析　（单位：mg/株）

处理	苗期	大喇叭口/分枝期	孕穗/鼓粒期	成熟期
MBM	17.519±2.429a	216.581±2.454a	877.855±44.26b	242.991±4.639a
NBM	17.801±0.966a	179.151±11.161b	1156.53±3.981a	273.87±3.02a
PBM	28.036±5.114a	143.816±2.741c	874.497±22.933b	258.069±21.944a
MBS	11.805±0.395a	76.737±3.408ab	123.931±3.695a	52.051±2.798a
NBS	8.169±0.777b	89.747±2.212a	138.656±9.338a	49.998±0.299a
PBS	12.027±1.159a	65.82±8.292b	91.344±0.493b	44.127±4.387a

4.1.3.2　根系互作对叶中磷吸收总量的影响

由表 4-2 可知，与 MBM 处理、PBM 处理相比，NBM 处理的玉米叶中磷累积量在不同时期有所提高，而且 NBS 处理的大豆叶中磷累积量在不同时期也有不同程度的提高，表明根系互作同时提高了玉米叶、大豆叶中磷素的累积。与 PBS 处理相比，MBS 处理大豆叶中磷累积量在各生育期均有所提高，表明根系的间接相互作用有利于大豆叶中磷素的累积。

表 4-2　不同时期各个处理玉米和大豆叶中磷累积量的比较分析　（单位：mg/株）

处理	苗期	大喇叭口/分枝期	孕穗/鼓粒期	成熟期
MBM	65.758±3.327a	301.678±14.543a	429.227±55.848a	279.119±22.274a
NBM	53.636±1.068b	344.917±26.261a	451.431±64.076a	319.556±19.462a
PBM	49.229±0.813b	291.332±20.251a	478.766±4.948a	281.013±13.522a
MBS	51.906±7.363a	129.977±1.37ab	220.906±24.786a	62.069±13.526ab
NBS	30.65±1.553b	157.335±12.764a	222.016±26.015a	84.843±18.452a
PBS	47.933±7.051ab	123.56±9.267b	190.257±0.098a	40.281±6.468b

4.1.4 根系互作对作物根系生长的影响

由表 4-3 可知，NBM 处理的玉米根系鲜重在大喇叭口期、成熟期比 PBM 处理分别高 9.5%、7.2%($P<0.05$)，说明间作系统中，当根系完全相互作用时，促进了玉米根系的生长发育，而且玉米根系从大豆根区竞争到更多的养分，这样就刺激了大豆固氮酶活性，提高了大豆的固氮能力。NBS 处理的大豆根系鲜重要比 PBS 处理低，在四个时期分别低 38.9%、36.3%、29.5%、49.5%($P<0.05$)，说明在 NBS 处理间作系统中，根系的相互作用在一定程度上抑制了大豆根系的生长，而且玉米与大豆根系间形成的菌丝桥更有利于大豆根区的养分向玉米根区转移，已有大量研究表明大豆根区的氮、磷向玉米根区转移。PBS 处理的大豆根系鲜重高于 MBS 处理，但差异不显著，说明 MBS 处理中，玉米对养分的不断吸收利用，造成大豆根区养分向玉米根区转移，弱化了大豆根系的生长，但并没有降低大豆根系对磷的吸收以及地上部磷的累积量。

表 4-3 不同时期各个处理玉米和大豆根系鲜重的动态变化 （单位：g/株）

处理	苗期	大喇叭口/分枝期	孕穗/鼓粒期	成熟期
MBM	20.67 ± 1.49^{a}	54.04 ± 0.51^{b}	56.15 ± 1.08^{a}	32.51 ± 1.54^{ab}
NBM	20.60 ± 0.97^{a}	58.34 ± 1.44^{a}	58.59 ± 1.74^{a}	34.69 ± 1.12^{a}
PBM	18.78 ± 0.55^{a}	53.30 ± 1.44^{b}	55.26 ± 0.89^{a}	32.35 ± 0.69^{b}
MBS	4.93 ± 0.048^{ab}	8.40 ± 0.65^{c}	9.64 ± 1.58^{a}	10.18 ± 0.24^{a}
NBS	3.64 ± 0.33^{b}	6.60 ± 0.16^{b}	7.16 ± 0.69^{b}	4.69 ± 0.44^{b}
PBS	5.96 ± 0.62^{a}	10.36 ± 0.13^{a}	10.15 ± 0.53^{a}	9.29 ± 0.11^{a}

由表 4-4 可知，各个处理的玉米对磷的吸收利用率与根系生长的相关关系为正向，但是相关程度并不显著，Pearson 相关系数接近于 1，表明作物对磷的吸收利用率与根系的生长之间存在高度的线性正相关，相关程度的强弱可以通过双尾检验的概率值来判断，Sig<0.05，则相关程度是显著的，反之，相关程度不显著。不同处理玉米叶中磷含量与根系生长的 Pearson 相关系数明显高于茎中磷含量与根系生长的相关系数，表明玉米根系的生长与玉米叶中的磷含量呈线性正相关，但是相关程度并不显著。玉米叶中磷含量与根系生长的相关性系数要明显大于相应处理大豆叶中磷含量与根系生长的相关性系数。NBS 处理的大豆茎中磷含量与根系的生长呈线性正相关，且相关程度的显著性较强，具有显著的统计学相关性意义。NBS 处理的大豆茎、叶中磷含量与根系生长的相关性系数分别大于其他两个处理，表明根系完全相互作用时，大豆根系的生长与茎、叶中磷的吸收利用率呈线性正相关，但相关程度并不显著。

表 4-4　茎、叶中磷含量与作物根系鲜重之间的相关性分析

处理	茎中磷含量与根系鲜重相关性		叶中磷含量与根系鲜重相关性	
	Pearson 相关系数	显著性(双侧)	Pearson 相关系数	显著性(双侧)
MBM	0.806	0.194	0.945	0.055
NBM	0.776	0.224	0.937	0.063
PBM	0.816	0.184	0.889	0.111
MBS	0.624	0.376	0.668	0.332
NBS	0.965	0.035*	0.833	0.670
PBS	0.818	0.182	0.391	0.609

注：* 表示在 $P<0.05$ 水平上显著相关。

4.2　根系互作对间作作物根系分泌的影响

4.2.1　根系有机酸的分泌

4.2.1.1　不同生育期玉米根系有机酸分泌速率变化特征

由表 4-5 可知，在水培玉米生长的苗期，单作、尼龙网分隔间作(MB)及根系不分隔间作(NB)玉米根系主要分泌草酸和柠檬酸。3 种种植方式都检测到酒石酸的分泌。间作(NB)、间作(MB)与单作相比都增加了苹果酸的分泌，但间作(MB)减少了顺丁烯二酸的分泌，其他有机酸种类相同。间作(MB)与单作相比，增加分泌的有机酸有苹果酸、乙酸和反丁烯二酸，苹果酸从无分泌增加到 3.69 $\mu g \cdot g^{-1}$ 根干重$\cdot h^{-1}$ 的分泌速率，乙酸和反丁烯二酸分别增加到 1.68 倍和 2 倍。间作(NB)与单作相比，增加分泌的有机酸有苹果酸(从无分泌增加到 1.16 $\mu g \cdot g^{-1}$ 根干重$\cdot h^{-1}$)、乙酸(1.68 倍)、顺丁烯二酸(1.33 倍)和反丁烯二酸(6.43 倍)。

在土培玉米生长的苗期，单作和间作(MB)主要分泌草酸、苹果酸、柠檬酸；间作(NB)除了主要分泌草酸、苹果酸外，还增加了酒石酸这类有机酸的分泌。在分泌有机酸种类上，间作(MB)与单作相比，在分泌种类上无变化；间作(NB)与单作相比，增加了酒石酸的分泌，没有柠檬酸的分泌。间作(MB)与单作相比，增加分泌速率的有机酸有草酸(2.44 倍)、乳酸(1.33 倍)、乙酸(1.50 倍)、顺丁烯二酸(3.00 倍)、柠檬酸(2.61 倍)及反丁烯二酸(2.32 倍)；间作(NB)与单作相比，增加分泌速率的有机酸有草酸(1.30 倍)、酒石酸(从无分泌增加到 27.68$\mu g \cdot g^{-1}$ 根干重$\cdot h^{-1}$)、苹果酸(1.58 倍)、乳酸(1.33 倍)及乙酸(1.25 倍)。

表 4-5 玉米苗期根系有机酸分泌速率比较 (单位：μg·g^{-1} 根干重·h^{-1})

有机酸	水培			土培		
	M	MB	NB	M	MB	NB
草酸	716.42±54.83^{b}	324.16±28.87^{a}	329.70±66.62^{a}	19.51±3.75^{a}	47.61±7.19^{b}	25.43±2.14^{a}
酒石酸	0^{a}	0^{a}	0^{a}	0^{a}	0^{a}	27.68±2.33^{b}
苹果酸	0^{a}	3.69±0.33^{c}	1.16±0.23^{b}	20.95±4.03^{a}	20.34±3.07^{a}	33.12±2.79^{b}
乳酸	0.14±0.01^{b}	0.08±0.01^{a}	0.10±0.02^{a}	0.06±0.01^{a}	0.08±0.01^{ab}	0.08±0.01^{b}
乙酸	0.22±0.02^{a}	0.37±0.03^{b}	0.37±0.07^{b}	0.04 ±0.01^{a}	0.06±0.01^{b}	0.05±0.01^{ab}
顺丁烯二酸	0.12±0.01^{b}	0^{a}	0.16±0.03^{b}	0.07±0.01^{a}	0.21±0.03^{b}	0.06±0.01^{a}
柠檬酸	21.20±1.62^{b}	13.57±1.21^{a}	17.42±3.52^{ab}	11.19±2.15^{b}	29.20±4.41^{c}	0^{a}
反丁烯二酸	0.07±0.01^{a}	0.14±0.01^{a}	0.45±0.09^{b}	1.62±0.31^{a}	3.76±0.57^{b}	1.05±0.09^{a}

由表 4-6 可知，在水培玉米生长的喇叭口期，单作和间作(MB)玉米根系主要分泌草酸、酒石酸、苹果酸和柠檬酸，间作(NB)玉米根系主要分泌草酸和柠檬酸。间作(NB)与单作相比，减少了酒石酸和苹果酸的分泌；间作(MB)与单作均有 8 种有机酸的分泌。玉米间作(MB)与单作相比，增加分泌量的有机酸有草酸(3.27 倍)、酒石酸(1.97 倍)、苹果酸(10.58 倍)、乳酸(1.92 倍)、顺丁烯二酸(2.76 倍)、柠檬酸(3.23 倍)和反丁烯二酸(1.12 倍)；间作(NB)与单作相比，增加分泌量的有机酸有草酸(15.77 倍)、乙酸(2.56 倍)、顺丁烯二酸(1.32 倍)和柠檬酸(3.51 倍)。

表 4-6 玉米喇叭口期根系有机酸分泌速率比较 (单位：μg·g^{-1} 根干重·h^{-1})

有机酸	水培			土培		
	M	MB	NB	M	MB	NB
草酸	10.58±1.63^{a}	34.62±3.98^{b}	166.87±15.93^{c}	231.44±15.01^{b}	213.27±11.04^{b}	94.20±12.65^{a}
酒石酸	42.78±6.59^{b}	84.30±9.68^{c}	0^{a}	0	0	0
苹果酸	14.07±2.17^{a}	148.84±17.10^{b}	0^{a}	0^{a}	0^{a}	115.26±15.47^{b}
乳酸	0.26±0.04^{b}	0.50±0.06^{c}	0.02±0.002^{a}	0.04±0.01^{a}	0.10±0.01^{c}	0.05±0.01^{b}
乙酸	0.16±0.02^{a}	0.16±0.02^{a}	0.41±0.04^{b}	0.03±0.01^{a}	0.07±0.01^{c}	0.05±0.01^{b}
顺丁烯二酸	0.25±0.04^{a}	0.69±0.08^{b}	0.33±0.03^{a}	0.06±0.01^{c}	0.04±0.01^{b}	0^{a}
柠檬酸	10.24±1.58^{a}	33.10±3.80^{b}	35.99±3.44^{b}	7.98±0.52^{a}	4.30±0.22^{a}	33.49±4.50^{b}
反丁烯二酸	0.26±0.04^{b}	0.29±0.03^{b}	0.17±0.02^{a}	0.87±0.06^{b}	0.86±0.04^{b}	0.71±0.09^{a}

在土培玉米生长的喇叭口期，单作主要分泌草酸和柠檬酸，间作(MB)也主要分泌草酸和柠檬酸，间作(NB)主要分泌草酸、苹果酸和柠檬酸。在种类上，间作(MB)与单作相比无变化；间作(NB)与单作相比增加了苹果酸的分泌，无顺丁烯

二酸的分泌。间作(MB)与单作相比增加分泌速率的有机酸有乳酸(2.50 倍)及乙酸(2.33 倍)；间作(NB)与单作相比，增加分泌速率的有机酸有乳酸(1.25 倍)、乙酸(1.67 倍)、柠檬酸(4.20 倍)及苹果酸(从无分泌增加到 115.26μg·g^{-1} 根干重·h^{-1})。

由表 4-7 可知，在水培玉米生长的孕穗期，单作玉米根系主要分泌草酸、酒石酸、苹果酸和柠檬酸；间作(MB)玉米根系主要分泌草酸、酒石酸、顺丁烯二酸和柠檬酸。与单作相同，间作(NB)玉米根系也主要分泌草酸、酒石酸、苹果酸和柠檬酸。与单作相比，在玉米孕穗期，间作玉米(MB)根系分泌物中未检测到苹果酸；间作玉米(NB)根系分泌物中未检测到乳酸和顺丁烯二酸。玉米间作(MB)与单作相比，增加分泌的有机酸有酒石酸(3.08 倍)、乳酸(4.00 倍)、乙酸(6.67 倍)、顺丁烯二酸(37.38 倍)和柠檬酸(1.65 倍)；间作(NB)与单作相比，增加分泌的有机酸有草酸(1.35 倍)、酒石酸(2.05 倍)、苹果酸(4.64 倍)、乙酸(36.67 倍)、柠檬酸(1.02 倍)、反丁烯二酸(1.2 倍)。

表 4-7　玉米孕穗期根系有机酸分泌速率比较　(单位：μg·g^{-1} 根干重·h^{-1})

有机酸	水培			土培		
	M	MB	NB	M	MB	NB
草酸	53.71±3.52^{b}	21.18±2.02^{a}	72.75±7.41^{c}	14.23±2.62^{a}	20.38±4.88^{a}	19.80±3.07^{a}
酒石酸	12.63±0.83^{a}	38.95±3.71^{c}	25.84±2.63^{b}	12.85±2.36^{b}	0^{a}	15.77±2.44^{b}
苹果酸	13.71±0.90^{b}	0^{a}	63.68±6.48^{c}	15.73±2.89^{b}	19.13±4.58^{b}	0^{a}
乳酸	0.02±0.001^{b}	0.08±0.01^{c}	0^{a}	0.04±0.01^{a}	0.05±0.01^{a}	0.05±0.01^{a}
乙酸	0.003±0.0002^{a}	0.02±0.002^{c}	0.11±0.01^{b}	0.02±0.01^{a}	0.05±0.01^{b}	0.05±0.01^{b}
顺丁烯二酸	0.08±0.01^{a}	2.99±0.28^{b}	0^{a}	0.05±0.01^{a}	0.10±0.02^{b}	0.06±0.01^{b}
柠檬酸	13.46±0.88^{a}	22.23±2.12^{b}	13.81±1.41^{a}	9.00±1.66^{a}	14.64±3.51^{a}	34.52±5.35^{b}
反丁烯二酸	0.30±0.02^{b}	0.19±0.02^{a}	0.36±0.04^{c}	0.80±0.15^{b}	0.53±0.13^{a}	0.74±0.11^{ab}

在土培玉米生长的孕穗期，单作主要分泌草酸、酒石酸、苹果酸及柠檬酸，间作(MB)主要分泌草酸、苹果酸及柠檬酸，而间作(NB)主要分泌草酸、酒石酸及柠檬酸。在种类上，间作(MB)与单作相比无酒石酸的分泌，间作(NB)与单作相比无苹果酸的分泌。间作(MB)与单作相比增加分泌速率的有机酸有草酸(1.43 倍)、苹果酸(1.22 倍)、乳酸(1.23 倍)、乙酸(2.09 倍)、顺丁烯二酸(2.25 倍)及柠檬酸(1.63 倍)；间作(NB)与单作相比，增加分泌速率的有机酸有草酸(1.39 倍)、酒石酸(1.23 倍)、乳酸(1.45 倍)、乙酸(2.30 倍)、顺丁烯二酸(1.25 倍)及柠檬酸(3.83 倍)。

4.2.1.2 不同生育期玉米根系有机酸总分泌速率变化特征

如图 4-3 所示，水培体系中，苗期间作(NB)和间作(MB)有机酸分泌速率分别比单作低 52.67%和 53.67%；在喇叭口期间作(NB)和间作(MB)有机酸分泌分别增加了 159.24%、284.80%；在孕穗期间作(NB)有机酸分泌增加了 88.01%，间作(MB)有机酸分泌降低了 8.81%，说明间作(NB)能增加玉米生长后期的有机酸分泌，玉米间作(MB)仅喇叭口期有机酸的分泌速率增加。

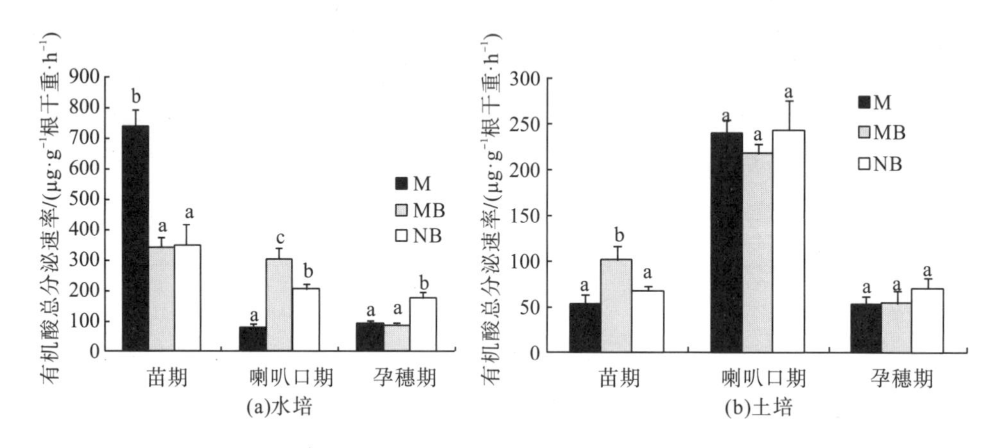

图 4-3 不同生育期玉米根系分泌有机酸总速率变化特征

在单作玉米的苗期、喇叭口期和孕穗期有机酸分泌出现高—低—高的趋势，而在苗期有机酸分泌量最大，喇叭口期比苗期降低了 89.35%，孕穗期比苗期降低了 87.28%；在间作(MB)玉米的全生育期出现持续降低的分泌趋势，喇叭口期比苗期降低了 11.56%，孕穗期比苗期降低了 74.96%；在间作(NB)的全生育期出现持续降低的分泌趋势，喇叭口期比苗期降低了 41.67%，孕穗期比苗期降低了 49.46%。

在土培玉米生长的整个生育期，间作(NB)与单作相比，有机酸分泌总速率均有增加，在苗期、喇叭口期及孕穗期分别增加了 26.88%、1.39%及 34.67%；间作(MB)与单作相比，有机酸分泌速率除在喇叭口期降低了 9.06%，在苗期和孕穗期分别增加了 89.49%($P<0.05$)、4.13%。

单作、间作(MB)及间作(NB)的有机酸分泌都出现了低—高—低的趋势，都在喇叭口期有机酸分泌速率最大。单作喇叭口期比苗期的有机酸总分泌速率提高了 349.91%，而孕穗期比苗期降低了 1.36%。间作(MB)的喇叭口期比苗期的有机酸总分泌速率提高了 115.92%，而孕穗期比苗期降低了 45.80%。间作(NB)的喇叭口期比苗期的有机酸总分泌速率提高了 259.52%，而孕穗期比苗期提高了 4.69%。

4.2.1.3　不同生育期大豆根系有机酸分泌速率变化特征

由表4-8可知，在大豆水培苗期，单作大豆主要分泌草酸、苹果酸，间作(MB)大豆根系主要分泌草酸、苹果酸及柠檬酸，间作(NB)大豆主要分泌草酸、苹果酸及柠檬酸。在有机酸分泌种类上，间作(NB)与单作相比，增加了柠檬酸的分泌。间作(MB)与单作相比，增加分泌速率的有机酸有草酸(2.1倍)、苹果酸(1.34倍)、乳酸(1.27倍)、乙酸(1.16倍)、顺丁烯二酸(2.29倍)、柠檬酸(从无分泌增加到86.14 μg·g^{-1}根干重·h^{-1})和反丁烯二酸(6.98倍)；间作(NB)与单作的有机酸分泌速率相比，增加分泌的有机酸有柠檬酸(从无分泌增加到17.42μg·g^{-1}根干重·h^{-1})和反丁烯二酸(1.05倍)。

表4-8　大豆苗期根系有机酸分泌速率比较　(单位：μg·g^{-1}根干重·h^{-1})

有机酸	水培			土培		
	M	MB	NB	M	MB	NB
草酸	1462.54±85.07^b	3073.13±359.33^c	329.70±66.62^a	101.87±6.29^c	15.72±2.59^a	25.43±2.14^b
酒石酸	0	0	0	0^a	0^a	27.68±2.33^b
苹果酸	26.65±1.55^b	35.60±4.16^c	1.16±0.23^a	233.03±14.38^c	163.74±27.02^b	33.12±2.79^a
乳酸	0.15±0.01^b	0.19±0.02^c	0.10±0.02^a	0.12±0.01^a	0.24±0.04^b	0.08±0.01^a
乙酸	0.38±0.02^a	0.44±0.05^a	0.37±0.07^a	0.09±0.01^b	0.10±0.02^b	0.05±0.01^a
顺丁烯二酸	0.58±0.03^b	1.33±0.16^c	0.16±0.03^a	0.15±0.01^b	0.29±0.05^c	0.06±0.01^a
柠檬酸	0^a	86.14±10.07^c	17.42±3.52^b	40.86±2.52^b	0^a	0^a
反丁烯二酸	0.43±0.02^a	3.00±0.35^b	0.45±0.09^a	1.88±0.12^b	3.69±0.61^c	1.05±0.09^a

在大豆土培苗期，单作大豆主要分泌草酸、苹果酸及柠檬酸，间作(MB)大豆主要分泌草酸及苹果酸，间作(NB)大豆主要分泌草酸、酒石酸及苹果酸。在有机酸分泌种类上，间作(MB)与单作相比无柠檬酸的分泌；间作(NB)与单作相比也无柠檬酸的分泌，但是增加了酒石酸的分泌。间作(MB)与单作相比增加分泌速率的有机酸有乳酸(2.00倍)、乙酸(1.12倍)、顺丁烯二酸(1.87倍)及反丁烯二酸(1.97倍)；间作(NB)与单作相比，增加分泌速率的有机酸仅有酒石酸(从无分泌增加到27.68 μg·g^{-1}根干重·h^{-1})。

由表4-9可知，在大豆水培花期，单作大豆主要分泌草酸、酒石酸、苹果酸及柠檬酸；间作(MB)大豆主要分泌草酸、苹果酸、柠檬酸；间作(NB)大豆主要分泌草酸、柠檬酸。在有机酸分泌种类上，间作(MB)与单作相比没有酒石酸、乳酸的分泌，但是增加了乙酸的分泌；间作(NB)与单作相比没有酒石酸、苹果酸的分泌，但是增加了乙酸的分泌。大豆间作(MB)与单作的有机酸分泌速率相比，增加分泌的有机酸有苹果酸(11.66 倍)、乙酸(从无分泌增加到 1.77μg·g^{-1} 根干重·h^{-1})、顺丁烯二酸(2.77 倍)、柠檬酸(14.21 倍)、反丁烯二酸(6.33 倍)。间作(NB)与单作的有机酸分泌速率相比，增加分泌的有机酸有乙酸(从无分泌增加到 0.41μg·g^{-1} 根干重·h^{-1})、柠檬酸(3.34 倍)、反丁烯二酸(1.42 倍)。

表 4-9 大豆花期根系有机酸分泌速率比较 (单位：μg·g^{-1} 根干重·h^{-1})

有机酸	水培			土培		
	M	MB	NB	M	MB	NB
草酸	403.20±97.18^{b}	161.86±19.24^{a}	166.87±15.93^{a}	47.63±9.93^{a}	135.47±15.89^{c}	94.20±12.65^{b}
酒石酸	8.39±2.02^{b}	0^{a}	0^{a}	43.94±9.16^{b}	65.62±7.70^{c}	0^{a}
苹果酸	19.85±4.78^{a}	231.52±27.51^{b}	0^{a}	321.26±67.0^{b}	625.82±73.39^{c}	115.26±15.47^{a}
乳酸	0.26±0.06^{b}	0^{a}	0.02±0.002^{a}	0^{a}	0.23±0.03^{c}	0.05±0.01^{b}
乙酸	0^{a}	1.77±0.21^{c}	0.41±0.04^{b}	0.42±0.09^{b}	0.15±0.02^{a}	0.05±0.01^{a}
顺丁烯二酸	0.73±0.18^{b}	2.02±0.24^{c}	0.33±0.03^{a}	0^{a}	0.21±0.02^{b}	0^{a}
柠檬酸	10.76±2.59^{a}	152.85±18.17^{c}	35.99±3.44^{b}	16.60±3.46^{a}	39.49±4.63^{b}	33.49±4.50^{b}
反丁烯二酸	0.12±0.03^{a}	0.76±0.09^{b}	0.17±0.02^{a}	0.55±0.12^{a}	3.78±0.44^{b}	0.71±0.09^{a}

在大豆土培花期，单作大豆主要分泌草酸、酒石酸、苹果酸及柠檬酸；间作(MB)大豆主要分泌草酸、酒石酸、苹果酸、柠檬酸；间作(NB)大豆主要分泌草酸、苹果酸及柠檬酸。在有机酸分泌种类上，间作(MB)与单作相比有乳酸和顺丁烯二酸的分泌；间作(NB)与单作相比增加了乳酸的分泌。间作(MB)与单作相比增加分泌速率的有机酸有草酸(2.84 倍)、酒石酸(1.49 倍)、苹果酸(1.95 倍)、柠檬酸(2.38 倍)、反丁烯二酸(6.81 倍)、乳酸(从无分泌增加到 0.23 μg·g^{-1} 根干重·h^{-1})、顺丁烯二酸(从无分泌增加到 0.21 μg·g^{-1} 根干重·h^{-1})；间作(NB)与单作相比增加分泌速率的有机酸有草酸(1.98 倍)、柠檬酸(2.02 倍)、反丁烯二酸(1.27 倍)及乳酸(从无分泌增加到 0.05 μg·g^{-1} 根干重·h^{-1})。

由表 4-10 可知，在大豆水培鼓粒期，单作大豆主要分泌草酸、柠檬酸；间作(NB)和间作(MB)大豆都主要分泌草酸、酒石酸、苹果酸及柠檬酸。在分泌种类上，间作(MB)与单作相比增加了酒石酸、苹果酸的分泌，间作(NB)与单作相比也增加了酒石酸、苹果酸的分泌，但没有乳酸、顺丁烯二酸的分泌。大豆间作(MB)与单作的有机酸分泌速率相比，增加分泌的有机酸有酒石酸(从无分泌增加到

176.04 μg·g^{-1}根干重·h^{-1})、苹果酸(从无分泌增加到 122.42 μg·g^{-1}根干重·h^{-1})、乳酸(1.47 倍)、乙酸(37 倍)、反丁烯二酸(1.30 倍)；间作(NB)与单作的有机酸分泌速率相比，增加分泌的有机酸有草酸(1.93 倍)、酒石酸(从无分泌增加到 25.84 μg·g^{-1}根干重·h^{-1})、苹果酸(从无分泌增加到 63.68 μg·g^{-1}根干重·h^{-1})、乙酸(5.5 倍)、反丁烯二酸(1.80 倍)。

表 4-10　大豆鼓粒期根系有机酸分泌速率比较　(单位：μg·g^{-1}根干重·h^{-1})

有机酸	水培			土培		
	M	MB	NB	M	MB	NB
草酸	37.61±16.18[a]	21.25±5.64[a]	72.75±7.41[b]	30.50±2.94[c]	5.84±0.33[a]	19.80±3.07[b]
酒石酸	0[a]	176.04±46.71[b]	25.84±2.63[a]	21.11±2.04[b]	24.58±1.39[b]	15.77±2.44[a]
苹果酸	0[a]	122.42±32.49[c]	63.68±6.48[b]	133.88±12.9[c]	92.45±5.25[b]	0[a]
乳酸	0.15±0.07[b]	0.22±0.06[b]	0[a]	0.05±0.01[a]	0.09±0.01[b]	0.05±0.01[a]
乙酸	0.02±0.01[a]	0.74±0.20[b]	0.11±0.01[a]	0.05±0.01[a]	0.09±0.01[b]	0.05±0.01[a]
顺丁烯二酸	0.35±0.15[b]	0.24±0.06[b]	0[a]	0.81±0.08[b]	0.13±0.01[a]	0.06±0.01[a]
柠檬酸	32.41±13.94[b]	25.03±6.64[ab]	13.81±1.41[a]	0[a]	40.64±2.31[b]	34.52±5.35[b]
反丁烯二酸	0.20±0.09[a]	0.26±0.07[ab]	0.36±0.04[b]	0.27±0.03[a]	1.74±0.10[c]	0.74±0.11[b]

在大豆土培鼓粒期，单作大豆主要分泌草酸、酒石酸及苹果酸；间作(MB)大豆主要分泌草酸、酒石酸、苹果酸及柠檬酸；间作(NB)大豆主要分泌草酸、酒石酸和柠檬酸。在分泌种类上，间作(MB)与单作相比，增加了柠檬酸的分泌，间作(NB)与单作相比，也增加了柠檬酸的分泌，但没有苹果酸的分泌。间作(MB)与单作相比，增加分泌速率的有机酸有酒石酸(1.16 倍)、乳酸(1.80 倍)、乙酸(1.80 倍)、反丁烯二酸(6.44 倍)及柠檬酸(从无分泌增加到 40.64 μg·g^{-1}根干重·h^{-1})；间作(NB)与单作相比增加分泌速率的有机酸有反丁烯二酸(2.74 倍)、柠檬酸(从无分泌增加到 34.52 μg·g 根干重·h^{-1})。

4.2.1.4　不同生育期大豆根系有机酸总分泌速率变化特征

如图 4-4 所示，水培体系中，间作(NB)和间作(MB)分泌有机酸速率与单作相比，在苗期间作(NB)降低了 76.56%，间作(MB)增加了 114.65%；在花期间作(NB)降低了 54.03%，间作(MB)增加了 24.24%；在鼓粒期间作(NB)增加了 149.59%，间作(MB)增加了 389.38%，说明间作(NB)仅增加鼓粒期的有机酸分泌，而间作(MB)能增加大豆全生育期的有机酸分泌。由于间作(MB)是间作的一种特殊形式，仍能说明间作能增加大豆生长后期的有机酸分泌。

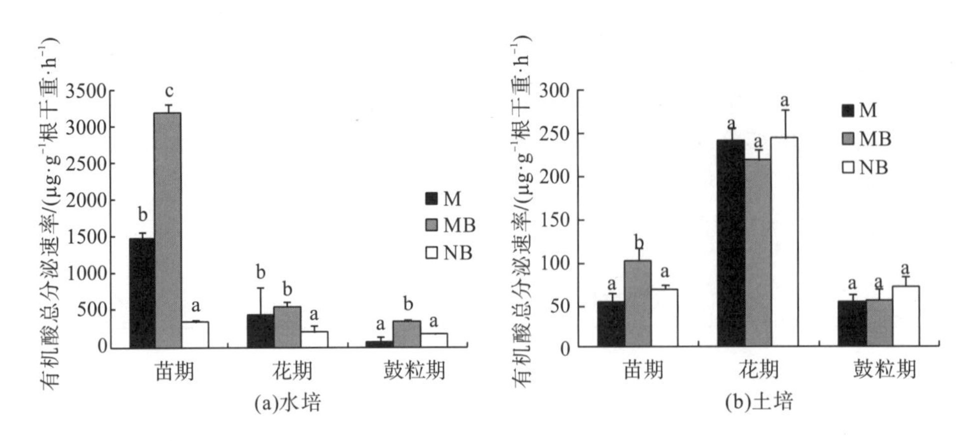

图 4-4 大豆不同生育期根系有机酸总分泌速率变化特征

水培条件下，单作、间作(MB)和间作(NB)大豆全生育期的分泌速率都出现持续降低的分泌趋势。单作花期比苗期降低了 70.26%，鼓粒期比苗期降低了 95.25%；间作(MB)花期比苗期降低了 82.79%，鼓粒期比苗期降低了 89.18%；间作(NB)花期比苗期降低了 41.67%，鼓粒期比苗期降低了 49.46%。

土培条件下，大豆生长的整个生育期，间作(NB)与单作相比，有机酸总分泌速率均在下降，在苗期、花期及鼓粒期分别下降了 82.06%($P<0.05$)、43.36%($P<0.05$)及 61.97%($P<0.05$)；间作(MB)与单作相比，有机酸总分泌速率在苗期下降了 51.38%($P<0.05$)。

土培条件下，单作、间作(MB)及间作(NB)有机酸分泌都出现了低—高—低的趋势，都在花期有机酸总分泌速率最大。单作的花期比苗期有机酸总分泌速率提高了 13.86%，而鼓粒期比花期降低了 50.62%。间作(MB)花期比苗期的有机酸总分泌速率提高了 373.80%，而鼓粒期期比苗期降低了 9.92%。间作(NB)花期比苗期有机酸总分泌速率提高了 259.52%，而鼓粒期比苗期提高了 4.69%。

4.2.2 根系酚酸的分泌

4.2.2.1 不同生育期玉米根系酚酸分泌速率变化特征

由表 4-11 可知，水培玉米生长的苗期，单作主要分泌对羟基苯甲酸、香草酸及香豆酸；间作(MB)除了分泌对羟基苯甲酸、香草酸及香豆酸，还增加了阿魏酸；间作(NB)5 种酚酸都有分泌，与单作相比增加了丁香酸及阿魏酸。说明间作能增加苗期酚酸分泌的种类。间作(MB)与单作相比，增加分泌速率的酚酸有对羟基苯甲酸(1.74 倍)、香草酸(1.67 倍)、香豆酸(3.73 倍)及阿魏酸(从无分泌增加到 1.39 $\mu g \cdot g^{-1}$ 根干重$\cdot h^{-1}$)；间作(NB)与单作相比，增加分泌速率的酚酸有对羟基苯甲酸(2.34 倍)、香草酸(1.37 倍)、丁香酸(从无分泌增加到 1.37μg·g^{-1} 根干重·h^{-1})、阿魏酸(从无分泌增加到 0.3μg·g^{-1} 根干重·h^{-1})。

表 4-11　玉米苗期根系酚酸分泌速率比较　(单位：μg·g^{-1} 根干重·h^{-1})

酚酸	水培			土培		
	M	MB	NB	M	MB	NB
对羟基苯甲酸	1.56±0.12^a	2.72±0.24^b	3.65±0.74^c	0.15±0.03^a	0.38±0.06^c	0.24±0.02^b
香草酸	0.57± 0.04^a	0.95±0.08^b	0.78±0.16^b	0.25±0.05^b	0.17±0.03^a	0.16±0.01^a
丁香酸	0^a	0^a	1.37±0.28^b	0.05±0.01^a	0.25±0.04^b	0.07±0.01^a
香豆酸	0.49±0.04^a	1.83±0.16^b	0.32±0.06^a	0.54±0.10^c	0.20±0.03^a	0.40±0.03^b
阿魏酸	0^a	1.39±0.12^c	0.30±0.06^b	0.51±0.10^b	0.46±0.07^b	0.04±0.01^a

土培玉米生长的苗期，单作主要分泌香豆酸及阿魏酸；间作(MB)主要分泌对羟基苯甲酸及阿魏酸；间作(NB)主要分泌对羟基苯甲酸及香豆酸。在种植方式上，单作、间作(MB)及间作(NB)苗期酚酸分泌的种类没有变化。间作(MB)与单作相比增加分泌速率的酚酸有对羟基苯甲酸(2.53 倍)、丁香酸(5.00 倍)；间作(NB)与单作相比增加分泌速率的酚酸也是对羟基苯甲酸(1.60 倍)、丁香酸(1.40 倍)。

由表 4-12 可知，水培玉米生长的喇叭口期，单作主要分泌香豆酸及阿魏酸；间作(MB)也主要分泌香豆酸及阿魏酸；间作(NB)主要分泌对羟基苯甲酸及香豆酸。与单作相比，间作(MB)增加了丁香酸的分泌；间作(NB)减少了阿魏酸的分泌。间作(MB)与单作相比，增加分泌速率的酚酸有对羟基苯甲酸(3.50 倍)、香草酸(1.60 倍)、阿魏酸(1.46 倍)及丁香酸(从无分泌增加到 0.04 μg·g^{-1} 根干重·h^{-1})；间作(NB)增加分泌速率的酚酸有对羟基苯甲酸(13.25 倍)、香草酸(2.20 倍)。

表 4-12　玉米喇叭口期根系酚酸分泌速率比较　(单位：μg·g^{-1} 根干重·h^{-1})

酚酸	水培			土培		
	M	MB	NB	M	MB	NB
对羟基苯甲酸	0.04±0.01^a	0.14±0.02^b	0.53±0.05^c	0.12±0.01^a	0.28±0.01^b	0.38±0.05^c
香草酸	0.10±0.02^a	0.16±0.02^b	0.22±0.02^c	0.13±0.01^a	0.20±0.01^b	0.30±0.04^c
丁香酸	0^a	0.04±0.01^b	0^a	0.04±0.01^a	0.12±0 .01^b	0.35±0.05^c
香豆酸	1.33±0.20^b	1.02±0.12^a	0.74±0.07^a	0.64±0.04^b	0.45±0.02^a	0.55±0.07^{ab}
阿魏酸	0.94±0.14^b	1.37±0.16c	0^a	0.04±0.01^b	0.13±0.01^c	0^a

土培玉米生长的喇叭口期，单作主要分泌香豆酸及香草酸；间作(MB)主要分泌对羟基苯甲酸及香豆酸；间作(NB)主要分泌对羟基苯甲酸及香豆酸。在种植方式上，单作与间作(MB)苗期酚酸分泌的种类没有变化；间作(NB)与单作相比，

没有阿魏酸的分泌。间作(MB)与单作相比，增加分泌速率的酚酸有对羟基苯甲酸(2.33 倍)、香草酸(1.54 倍)、丁香酸(3.00 倍)、阿魏酸(3.25 倍)；间作(NB)与单作相比，增加分泌速率的酚酸也是对羟基苯甲酸(3.17 倍)、香草酸(2.31 倍)、丁香酸(8.75 倍)。

由表 4-13 可知，水培玉米生长的孕穗期，单作、间作(MB)及间作(NB)都主要分泌对羟基苯甲酸和香豆酸。间作(MB)、间作(NB)与单作相比，都无丁香酸的分泌，说明在孕穗期间作的酚酸种类减少。间作(MB)与单作相比增加分泌速率的酚酸有对羟基苯甲酸(2.88 倍)、香草酸(2.61 倍)、香豆酸(3.29 倍)及阿魏酸(6.67 倍)；间作(NB)与单作相比，增加分泌速率的酚酸有对羟基苯甲酸(2.03 倍)、香草酸(1.96 倍)、香豆酸(1.22 倍)及阿魏酸(1.56 倍)。

表 4-13　玉米孕穗期根系酚酸分泌速率比较　(单位：μg·g^{-1} 根干重 h^{-1})

酚酸	水培			土培		
	M	MB	NB	M	MB	NB
对羟基苯甲酸	0.33 ± 0.02^{a}	0.95 ± 0.09^{b}	0.67 ± 0.07^{b}	0.20 ± 0.04^{a}	0.21 ± 0.05^{a}	0.28 ± 0.04^{a}
香草酸	0.23 ± 0.01^{a}	0.60 ± 0.06^{b}	0.45 ± 0.05^{b}	0.18 ± 0.03^{a}	0.18 ± 0.04^{a}	0.29 ± 0.05^{b}
丁香酸	0.25 ± 0.02^{b}	0^{a}	0^{a}	0.06 ± 0.01^{a}	0.14 ± 0.03^{b}	0.06 ± 0.01^{a}
香豆酸	0.85 ± 0.06^{a}	2.80 ± 0.27^{b}	1.04 ± 0.11^{a}	0.12 ± 0.02^{a}	0.22 ± 0.05^{b}	0.13 ± 0.02^{a}
阿魏酸	0.09 ± 0.01^{a}	0.60 ± 0.06^{b}	0.14 ± 0.01^{a}	0.04 ± 0.01^{c}	0^{a}	0.01 ± 0.001^{b}

土培玉米生长的孕穗期，单作主要分泌对羟基苯甲酸及香草酸；间作(MB)主要分泌对羟基苯甲酸及香豆酸；间作(NB)主要分泌对羟基苯甲酸及香草酸。在种植方式上，间作(MB)与单作相比，在孕穗期没有阿魏酸的分泌；间作(NB)与单作相比，酚酸分泌在种类上没有变化。间作(MB)与单作相比，增加分泌速率的酚酸有对羟基苯甲酸(1.05 倍)、丁香酸(2.51 倍)、香豆酸(1.88 倍)；间作(NB)与单作相比，增加分泌速率的有机酸也是对羟基苯甲酸(1.43 倍)、香草酸(1.66 倍)、丁香酸(1.02 倍)、香豆酸(1.15 倍)。

4.2.2.2　不同生育期玉米根系酚酸总分泌速率变化特征

由图 4-5 可知，在水培玉米生长的整个生育期，间作(MB)与单作相比，酚酸总分泌速率均在增加，在苗期、喇叭口期及孕穗期分别增加了 162.37%(P<0.05)、12.74%(P<0.05)及 183.28%(P<0.05)；间作(NB)与单作相比，酚酸总分泌速率除在喇叭口期下降了 37.84%(P<0.05)外，在苗期和孕穗期分别增加了 145.25%(P<0.05)、32.35%。

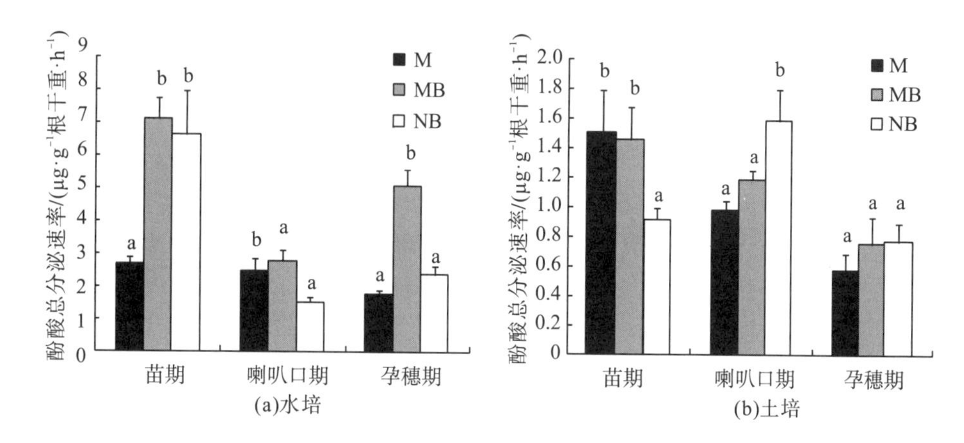

图4-5 玉米不同生育期根系分泌酚酸总分泌速率变化特征

水培条件下，单作酚酸分泌出现了持续降低的分泌趋势，间作(MB)及间作(NB)出现峰谷式的分泌趋势，在喇叭口期酚酸分泌速率最低。单作的喇叭口期比苗期的酚酸总分泌速率降低了7.95%，而孕穗期比苗期降低了33.41%。间作(MB)在喇叭口期比苗期的酚酸总分泌速率降低了60.45%，而孕穗期比苗期降低了28.10%。间作(NB)在喇叭口期比苗期的酚酸总分泌速率降低了76.67%，而孕穗期比苗期降低了64.07%，说明无论单作、间作(MB)还是间作(NB)，苗期的酚酸分泌速率均为最大。

由图4-5可知，在土培玉米生长的苗期，间作(MB)与单作相比，酚酸分泌速率在苗期降低了3.08%；间作(NB)与单作相比，酚酸总分泌速率在苗期降低了38.99%($P<0.05$)。间作(MB)在喇叭口期及孕穗期酚酸总分泌速率与单作相比分别提高了20.85%、29.88%；间作(NB)在喇叭口期及孕穗期酚酸总分泌速率与单作相比分别提高了61.89($P<0.05$)、32.57%，说明间作在苗期酚酸总分泌速率会下降，在喇叭口期及孕穗期酚酸总分泌速率会增加。

土培条件下，单作和间作(MB)在整个生育期的酚酸分泌是持续降低的趋势。单作在喇叭口期比苗期的酚酸总分泌速率降低了34.62%，而孕穗期比苗期降低了61.21%。间作(MB)在喇叭口期比苗期的酚酸总分泌速率降低了18.48%，而孕穗期比苗期降低了48.02%。间作(NB)在喇叭口期比苗期的酚酸总分泌速率增加了73.47%，而孕穗期比苗期降低了15.72%，说明单作、间作(MB)在苗期的酚酸分泌速率最大，而间作(NB)在喇叭口期酚酸分泌速率具有最大值。

4.2.2.3 不同生育期大豆根系酚酸分泌速率变化特征

由表4-14可知，水培大豆生长的苗期，单作主要分泌香草酸和丁香酸；间作(MB)仅分泌香草酸；间作(NB)主要分泌对羟基苯甲酸、丁香酸。间作(MB)与单作相比，无对羟基苯甲酸、丁香酸的分泌。间作(NB)与单作相比增加了香豆酸和阿魏酸的分泌，说明间作(NB)能增加酚酸种类，间作(MB)则减少酚酸种类。间作(MB)与单作相比，增加分泌速率的酚酸仅有香草酸(6.40倍)；间作(NB)与单作相比，增加分泌速率的酚酸有羟基苯甲酸(73.00倍)、丁香酸(4.42倍)。

表4-14 大豆苗期根系酚酸分泌速率比较 (单位：$\mu g \cdot g^{-1}$根干重$\cdot h^{-1}$)

酚酸	水培			土培		
	M	MB	NB	M	MB	NB
对羟基苯甲酸	0.05±0.01[a]	0[a]	3.65±0.74[b]	0[a]	0.11±0.02[b]	0.24±0.02[c]
香草酸	1.10±0.06[a]	7.04±0.82[b]	0.78±0.16[a]	0.38±0.02[b]	0.81±0.13[c]	0.16±0.01[a]
丁香酸	0.31±0.02[a]	0[a]	1.37±0.28[b]	0.79±0.05[b]	0.69±0.11[b]	0.07±0.01[a]
香豆酸	0[a]	0[a]	0.32±0.06[b]	0.09±0.01[a]	0.35±0.06[b]	0.40±0.03[b]
阿魏酸	0[a]	0[a]	0.30±0.06[b]	0.36±0.02[a]	0.56±0.09[b]	0.04±0.01[b]

土培大豆生长的苗期，单作主要分泌香草酸和丁香酸；间作(MB)主要分泌香草酸和丁香酸；间作(NB)主要分泌对羟基苯甲酸、香豆酸。间作(MB)与单作相比，增加了对羟基苯甲酸的分泌。间作(NB)与单作相比也增加了对羟基苯甲酸的分泌，说明间作能增加酚酸分泌的种类。间作(MB)与单作相比，增加分泌速率的酚酸有香草酸(2.13倍)、香豆酸(3.89倍)、阿魏酸(1.56倍)；间作(NB)与单作相比，增加分泌速率的酚酸仅有香豆酸(4.44倍)。

由表4-15可知，水培大豆生长的花期，单作只分泌对羟基苯甲酸和香草酸两类酚酸；间作(MB)主要分泌香草酸及丁香酸；间作(NB)主要分泌对羟基苯甲酸及香豆酸。间作(MB)与单作相比，增加了丁香酸和香豆酸的分泌；间作(NB)与单作相比，增加了香豆酸的分泌，说明在花期间作的酚酸种类增加。间作(MB)与单作相比，增加分泌速率的酚酸有对羟基苯甲酸(5.00倍)、香草酸(8.92倍)、丁香酸(从无分泌增加到0.59 $\mu g \cdot g^{-1}$根干重$\cdot h^{-1}$)及香豆酸(从无分泌增加到0.35 $\mu g \cdot g^{-1}$根干重$\cdot h^{-1}$)。间作(NB)与单作相比增加分泌速率的酚酸有对羟基苯甲酸(8.83倍)、香草酸(1.69倍)及香豆酸(从无分泌增加到0.74 $\mu g \cdot g^{-1}$根干重$\cdot h^{-1}$)。

土培大豆生长的花期，单作主要分泌对羟基苯甲酸和丁香酸；间作(MB)主要分泌对羟基苯甲酸和香草酸；间作(NB)主要分泌对羟基苯甲酸和香豆酸。间作(MB)与单作相比，种类上没有变化。间作(NB)与单作相比没有阿魏酸的分泌，说明间作(MB)对酚酸种类无影响，间作(NB)使酚酸种类减少。间作(MB)与单作相比，增加分泌速率的酚酸有对羟基苯甲酸(2.02倍)、香草酸(3.40倍)及香豆酸(2.71倍)；间作(NB)与单作相比，增加分泌速率的酚酸仅有香豆酸(3.93倍)。

表 4-15　大豆花期根系酚酸分泌速率比较　（单位：$\mu g \cdot g^{-1}$ 根干重$\cdot h^{-1}$）

酚酸	水培			土培		
	M	MB	NB	M	MB	NB
对羟基苯甲酸	0.06 ± 0.02^{c}	0.30 ± 0.04^{a}	0.53 ± 0.05^{b}	0.61 ± 0.13^{a}	1.23 ± 0.14^{b}	0.38 ± 0.05^{a}
香草酸	0.13 ± 0.03^{a}	1.16 ± 0.14^{b}	0.22 ± 0.02^{a}	0.35 ± 0.07^{a}	1.19 ± 0.14^{b}	0.30 ± 0.04^{a}
丁香酸	0^{a}	0.59 ± 0.07^{b}	0^{a}	2.21 ± 0.46^{b}	0.75 ± 0.09^{a}	0.35 ± 0.05^{a}
香豆酸	0^{a}	0.35 ± 0.04^{b}	0.74 ± 0.07^{c}	0.14 ± 0.03^{a}	0.38 ± 0.04^{b}	0.55 ± 0.07^{c}
阿魏酸	0	0	0	0.22 ± 0.05^{c}	0.09 ± 0.01^{b}	0^{a}

由表 4-16 可知，水培大豆生长的鼓粒期，单作主要分泌对羟基苯甲酸及香草酸；间作(MB)主要分泌香草酸和丁香酸；间作(NB)主要分泌对羟基苯甲酸及香豆酸。间作(MB)与单作相比，酚酸分泌种类无变化；间作(NB)与单作相比，增加了香豆酸及阿魏酸，但是没有丁香酸。间作(MB)与单作相比，增加分泌速率的酚酸只有丁香酸(1.21 倍)；间作(NB)与单作相比，增加分泌速率的酚酸有对羟基苯甲酸(2.48 倍)、香豆酸(从无分泌增加到 1.04 $\mu g \cdot g^{-1}$ 根干重$\cdot h^{-1}$)及阿魏酸(从无分泌增加到 0.14 $\mu g \cdot g^{-1}$ 根干重$\cdot h^{-1}$)

表 4-16　大豆鼓粒期根系酚酸分泌速率比较　（单位：$\mu g \cdot g^{-1}$ 根干重$\cdot h^{-1}$）

酚酸	水培			土培		
	M	MB	NB	M	MB	NB
对羟基苯甲酸	0.27 ± 0.12^{a}	0.16 ± 0.04^{a}	0.67 ± 0.07^{b}	0.62 ± 0.06^{b}	2.62 ± 0.15^{c}	0.28 ± 0.04^{a}
香草酸	0.65 ± 0.28^{b}	0.26 ± 0.07^{a}	0.45 ± 0.05^{ab}	0.96 ± 0.09^{b}	1.59 ± 0.09^{c}	0.29 ± 0.05^{a}
丁香酸	0.14 ± 0.06^{b}	0.17 ± 0.05^{b}	0^{a}	0.92 ± 0.09^{c}	0.34 ± 0.02^{b}	0.06 ± 0.01^{a}
香豆酸	0^{a}	0^{a}	1.04 ± 0.11^{b}	0.09 ± 0.01^{a}	0.14 ± 0.01^{b}	0.13 ± 0.02^{b}
阿魏酸	0^{a}	0^{a}	0.14 ± 0.01^{b}	0.11 ± 0.01^{b}	0^{a}	0.01 ± 0.001^{b}

土培大豆生长的鼓粒期，单作主要分泌香草酸和丁香酸；间作(MB)主要分泌对羟基苯甲酸和香草酸；间作(NB)主要分泌对羟基苯甲酸和香草酸。间作(MB)与单作相比，没有阿魏酸的分泌。间作(NB)与单作相比，分泌酚酸的种类上没有变化，说明间作(NB)对酚酸种类无影响，间作(MB)使酚酸种类减少。间作(MB)与单作相比，增加分泌速率的酚酸有对羟基苯甲酸(4.23 倍)、香草酸(1.66 倍)及香豆酸(1.56 倍)；间作(NB)与单作相比，增加分泌速率的酚酸仅有香豆酸(1.44 倍)。

4.2.2.4　不同生育期大豆根系酚酸总分泌速率变化特征

由图 4-6 可知，在水培大豆生长的整个生育期，间作(NB)与单作相比，酚酸总分泌速率均在增加，在苗期、花期及鼓粒期分别增加了 340.92%($P<0.05$)、656.78%($P<0.05$)及 116.64%($P<0.05$)；间作(MB)与单作相比，酚酸分泌总速率除在鼓粒期下降了 44.37%外，在苗期和花期分别增加了 340.92%($P<0.05$)、116.64%($P<0.05$)，说明间作(NB)在全生育期增加酚酸总分泌速率，间作(MB)

在苗期和花期增加酚酸总分泌速率，在鼓粒期会降低酚酸总分泌速率。

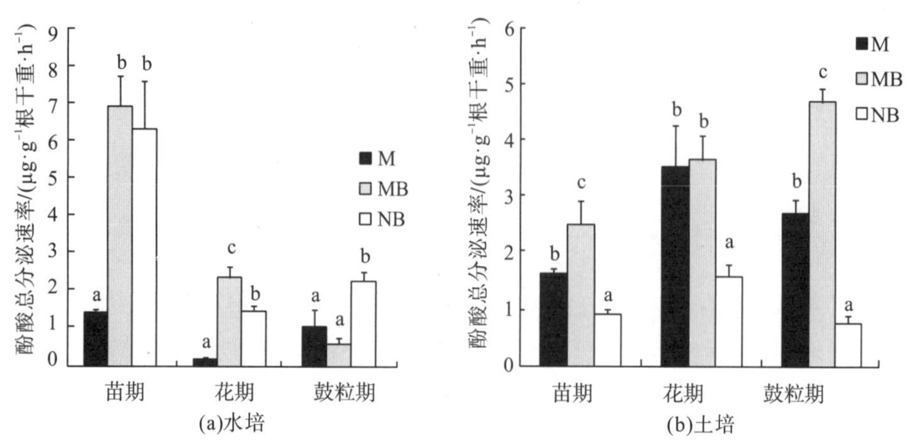

图 4-6 大豆不同生育期根系酚酸总分泌速率变化特征

水培大豆单作和间作(NB)酚酸出现了峰谷式的分泌趋势，间作(MB)出现持续降低的分泌趋势，鼓粒期的酚酸分泌速率最低。单作在花期比苗期的酚酸总分泌速率降低了 86.41%，而鼓粒期比苗期降低了 26.87%。间作(MB)在花期比苗期的酚酸总分泌速率降低了 65.89%，而鼓粒期比苗期降低了 91.58%。间作(NB)在花期比苗期的酚酸总分泌速率降低了 76.67%，而鼓粒期比苗期降低了 64.07%，说明在整个生育期中，单作、间作(MB)及间作(NB)在苗期的酚酸总分泌速率最高。

在土培大豆生长的整个生育期中，间作(MB)与单作相比，酚酸分泌总速率在苗期、花期及鼓粒期分别增加了 54.71%($P<0.05$)、3.65%、73.39%($P<0.05$)；间作(NB)作与单作相比，酚酸分泌总速率在苗期、花期及鼓粒期分别下降了 43.71%($P<0.05$)、54.95%($P<0.05$)、71.44%($P<0.05$)，说明间作(MB)在全生育期能增加酚酸的总分泌速率，而间作(NB)在全生育期能减少酚酸的总分泌速率。

土培单作和间作(NB)整个生育期的酚酸分泌趋势是先增加后降低，在花期酚酸分泌速率最高。单作花期比苗期的酚酸总分泌速率增加了 116.72%，而鼓粒期比苗期增加了 66.09%。间作(MB)花期比苗期的酚酸总分泌速率增加了 45.19%，而鼓粒期比苗期降低了 86.15%。间作(NB)在花期比苗期的酚酸总分泌速率增加 73.47%，而孕穗期比苗期降低了 15.72%，说明单作和间作(NB)苗期的酚酸总分泌速率最高，而间作(MB)在鼓粒期酚酸分泌速率最高。

4.2.3 根系糖的分泌

4.2.3.1 玉米糖类分泌特征

由图 4-7 可知，玉米水培单作、间作(MB)和间作(NB)糖类的分泌速率随着玉米的生长逐渐降低。在苗期，玉米根系分泌糖类的速率最高，间作(MB)比单作低 29.87%(P<0.05)，间作(NB)比单作低 23.87%(P<0.05)；在喇叭口期，间作(MB)的分泌速率比单作高 24.49%，间作(NB)比单作低 2.26%；在孕穗期，间作(MB)和间作(NB)分别比单作提高了 50.23%(P<0.05)、67.92%(P<0.05)。

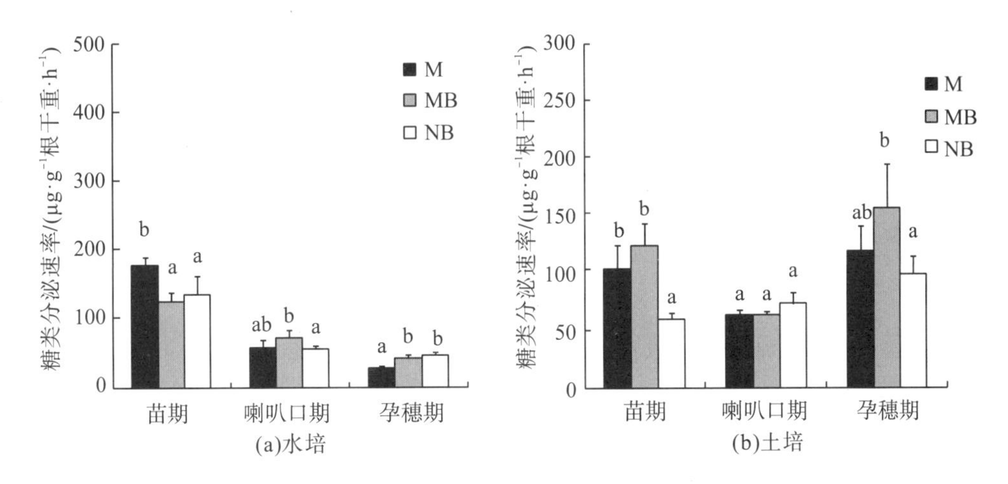

图 4-7　玉米糖类分泌速率

由图 4-7 可知，土培单作玉米在整个生育期的糖类分泌趋势呈峰谷式，在喇叭口期的分泌速率最低；间作(MB)也是峰谷式的，在喇叭口期的糖类分泌速率也最低；间作(NB)糖类的分泌速率随着玉米的生长逐渐升高。在苗期和孕穗期间作(MB)与单作相比，分别提高了 19.25%和 31.93%，间作(NB)比单作降低了 41.73%和 16.40%。

4.2.3.2　大豆糖类分泌特征

由图 4-8 可知，水培大豆的单作、间作(MB)及间作(NB)糖类分泌速率随着生育期的延长逐渐降低，而且间作(MB)的糖类分泌速率在各个生育期比单作和间作(NB)要大；间作(NB)与单作的糖类分泌速率相比仅在苗期差异显著，间作(MB)与单作的糖类分泌速率相比在整个生育期差异显著。

由图 4-8 可知，土培大豆单作和间作(MB)糖类的分泌速率随着生育期的延长先增加后降低，在花期糖类的分泌速率最高；土培大豆间作(NB)糖类的分泌速率随着生育期的延长逐渐增加，在鼓粒期糖类的分泌速率最高。间作(MB)与单作相比，糖类的分泌速率在整个生育期差异显著，间作(NB)与单作相比，糖类的分泌速率在整个生育期差异不显著。

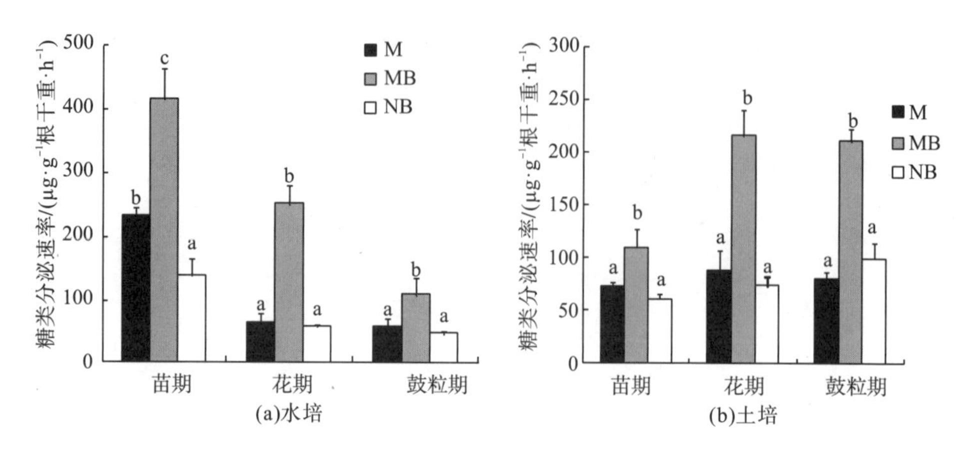

图 4-8　大豆糖类分泌速率

4.2.4　根系氨基酸的分泌

4.2.4.1　玉米氨基酸分泌特征

由图 4-9 可知，水培玉米间作(NB)在苗期和喇叭口期的氨基酸分泌速率与单作相比有所提高，分别提高了 306.32%($P<0.05$)、88.77%($P<0.05$)，而在孕穗期降低了 25.54($P<0.05$)；间作(MB)在苗期和喇叭口期的氨基酸分泌速率与单作相比也有所提高，分别提高了 33.65%、4.56%，在孕穗期降低了 12.53%($P<0.05$)。

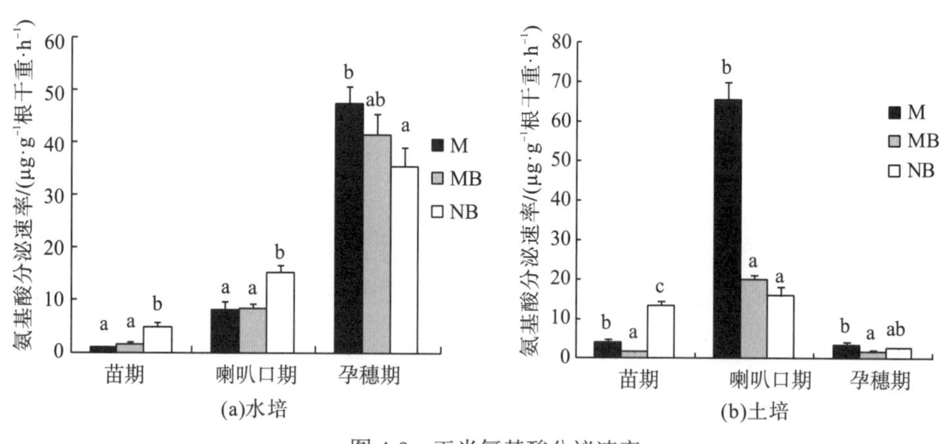

图 4-9　玉米氨基酸分泌速率

由图 4-9 可知，土培玉米间作(NB)的氨基酸分泌速率与单作相比在苗期提高了 235.68%($P<0.05$)，而间作(MB)与单作相比在苗期降低了 57.57%($P<0.05$)，在喇叭口期和孕穗期间作(NB)和间作(MB)的氨基酸分泌速率均呈现降低的趋势，间作(NB)与单作相比，氨基酸分泌速率在喇叭口期和孕穗期分别降低了

75.77%（P<0.05）、25.50%，间作（MB）与单作相比，氨基酸分泌速率在喇叭口期和孕穗期分别降低了69.60%（P<0.05）、18.86%。

4.2.4.2　大豆氨基酸分泌特征

如图4-10所示，水培大豆单作在全生育期氨基酸分泌速率呈现峰谷式的分泌趋势，在鼓粒期具有最高分泌速率；间作（MB）在整个生育期的氨基酸分泌速率呈先增加后降低的趋势，在花期具有最高分泌速率；间作（NB）呈现持续上升的分泌趋势，在鼓粒期的分泌速率最高。在苗期和花期，间作（MB）与单作相比，分别提高了134.14%（P<0.05）、195.73%（P<0.05），在鼓粒降低了58.88%；而间作（NB）的氨基酸分泌速率与单作相比仅在苗期降低了24.64%，在花期和鼓粒期具有分泌速率增加的趋势，分别增加了148.03%（P<0.05）、25.88%。

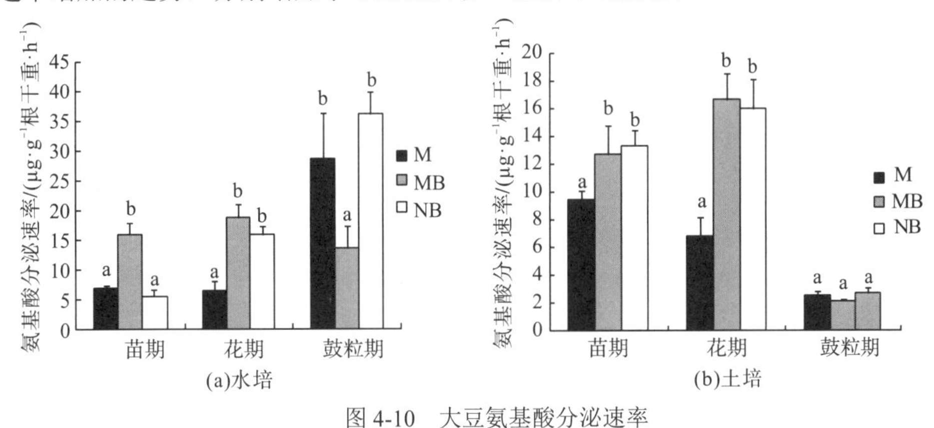

图4-10　大豆氨基酸分泌速率

由图4-10可知，土培大豆间作（NB）与单作相比在全生育期增加氨基酸的分泌速率，在苗期、花期和鼓粒期分别增加了41.35%（P<0.05）、136.19%（P<0.05）及4.78%；间作（MB）与单作相比，在苗期和花期分别增加了34.74%（P<0.05）、146.21%（P<0.05），而在鼓粒期氨基酸的分泌速率降低了15.99%。

4.3　根系互作对根际微生物数量和群落多样性的影响

4.3.1　玉米大豆根系互作对根际微生物数量的影响

4.3.1.1　根系互作对玉米根际微生物数量的影响

从图4-11可以看出，在作物的生育期内，在玉米抽穗期不分隔处理和尼龙网分隔处理比完全分隔处理显著提高了玉米根际细菌的数量，不分隔处理和尼龙网分隔处理之间没有显著差异，分别比完全分隔处理提高了15.79%和20.83%。其他生育期内各处理间没有显著差异。

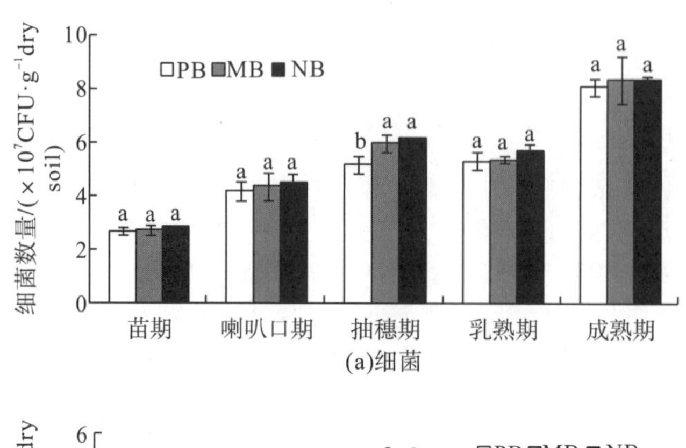

(a)细菌

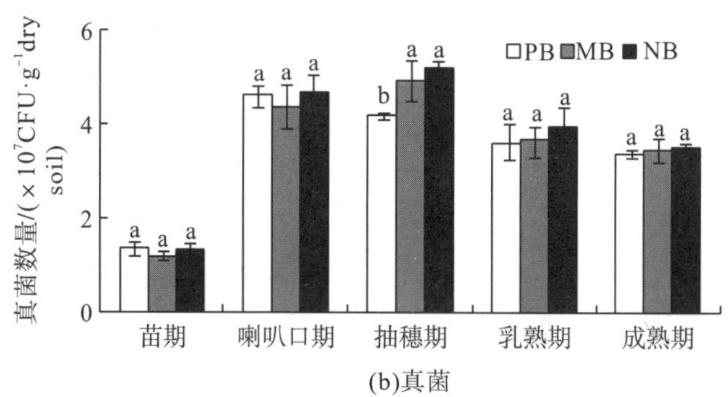

(b)真菌

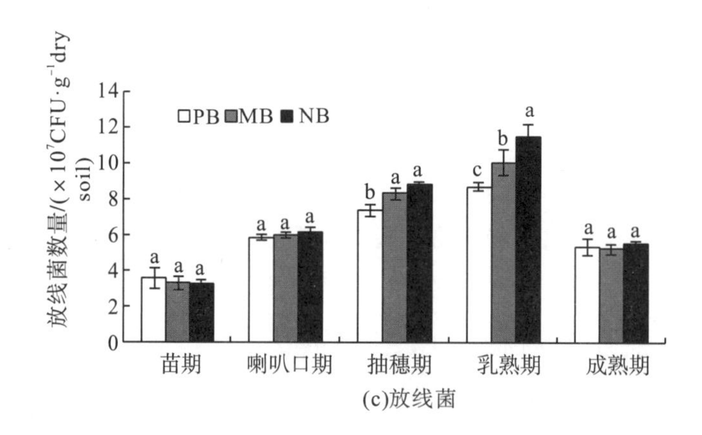

(c)放线菌

图 4-11 根系分隔对玉米根际微生物数量的影响

图中PB、MB、NB分别表示根系塑料分隔、尼龙网分隔、根系不分隔三种根系分隔方式。后同。

从图 4-11 中可以看出，在作物生育期内，在玉米抽穗期和乳熟期不分隔处理和尼龙网分隔处理比完全分隔处理显著提高了玉米根际放线菌的数量，在玉米抽穗期不分隔和尼龙网分隔处理之间没有显著差异，分别比完全分隔处理提高了 19.07%和 13.33%；在玉米乳熟期分别比完全分隔处理提高了 30.93%和 15.88%，但是不分隔处理显著高于尼龙网分隔处理。其他生育期内各处理间没有显著差异。

从图 4-11 中可以看出，在作物生育期内，在玉米抽穗期不分隔处理和尼龙网分隔处理比完全分隔处理显著提高了玉米根际真菌的数量，分别比完全分隔处理提高了 24.08%和 17.25%，不分隔处理和尼龙网分隔处理之间没有显著差异。其他生育期内各处理间没有显著差异。

4.3.1.2 根系互作对大豆根际微生物数量的影响

从图 4-12 可以看出，在作物的生育期内，在大豆开花期、结荚期和成熟期的细菌数量各处理间达到了显著差异。在大豆开花期和结荚期，尼龙网分隔处理与其他处理间没有显著差异，不分隔处理根际微生物数量分别显著高于尼龙网分隔处理与完全分隔处理的 4.98%和 14.14%；在大豆成熟期，不分隔处理根际微生物数量分别显著高于尼龙网分隔和完全分隔处理的 12.43%和 19.92%，尼龙网分隔处理与完全分隔处理间没有显著差异。其他生育期内各处理间没有显著差异。

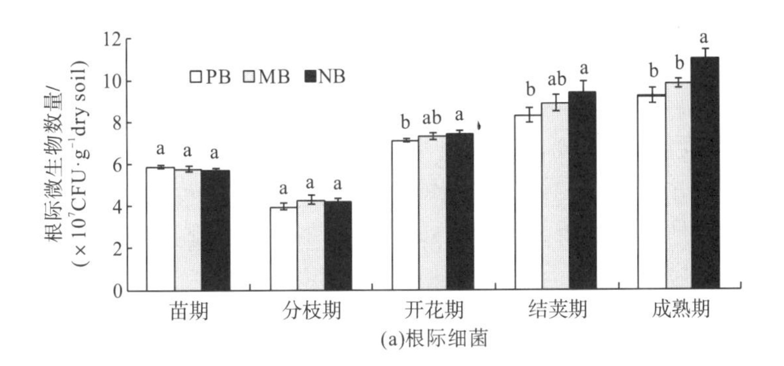

(a)根际细菌

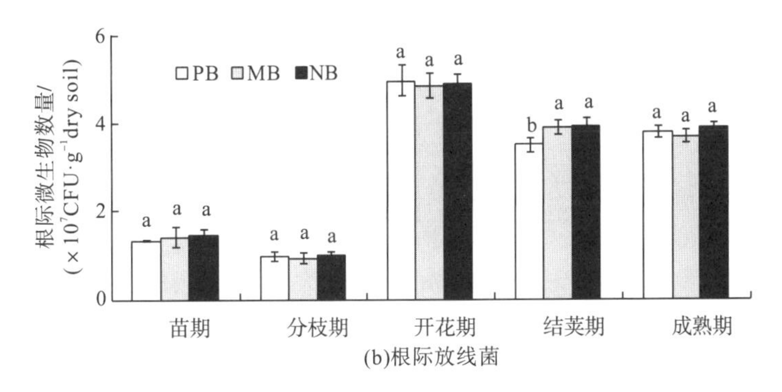

(b)根际放线菌

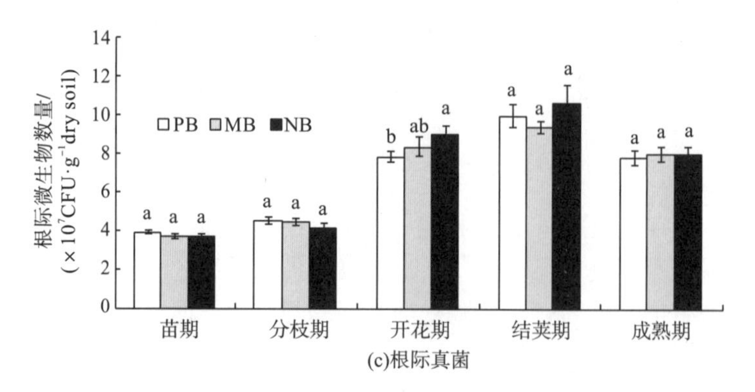

图 4-12 根系分隔对大豆根际微生物数量的影响

在作物生育期内(图 4-12)，在大豆开花期，根际放线菌数量尼龙网分隔处理与其他处理间没有显著差异，但是不分隔处理显著高于完全分隔处理的 14.92%。其他生育期内各处理间没有显著差异。

在作物生育期内(图 4-12)，在大豆结荚期，不分隔和尼龙网分隔处理比完全分隔处理显著提高了大豆根际微生物的数量，分别比完全分隔处理提高了12.62%和 11.51%，不分隔和尼龙网分隔处理之间没有显著差异。其他生育期内各处理间没有显著差异。

4.3.2 玉米大豆根系互作根际微生物对不同类型碳源的利用强度

由图 4-13 可知，根系分隔显著改变了玉米根际微生物对氨基酸类和聚合物类碳源的利用($P<0.05$)。对于氨基酸类碳源，尼龙网分隔处理显著高于不分隔处理的 21.56%，与塑料分隔没有显著差异；对于聚合物类碳源，塑料分隔处理显著高于不分隔处理的 57.11%，与尼龙网处理没有显著差异。

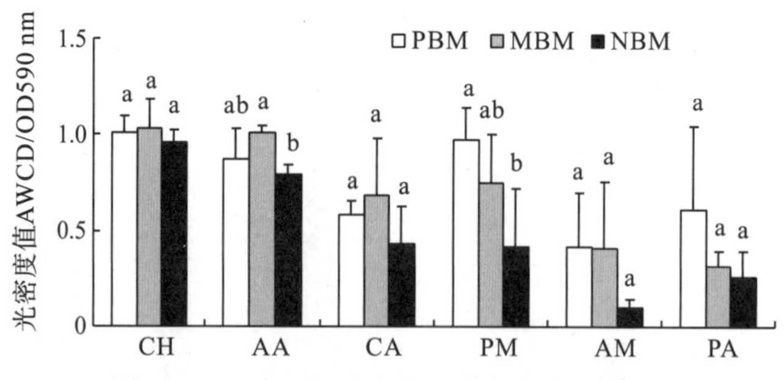

图 4-13 玉米根际微生物对六大类碳源利用的影响

CH、AA、CA、PM、AM、PA 分别表示碳水化合物、氨基酸类、羧酸类、聚合物、胺类、酚酸类；PBM、MBM、NBM 分别表示玉米塑料分隔、玉米尼龙网分隔和玉米不分隔，后同。

由图 4-14 可知，根系分隔显著改变了大豆根际微生物对羧酸类碳源的利用，尼龙网分隔处理显著高于不分隔处理的 55.62%，与塑料分隔没有显著差异。

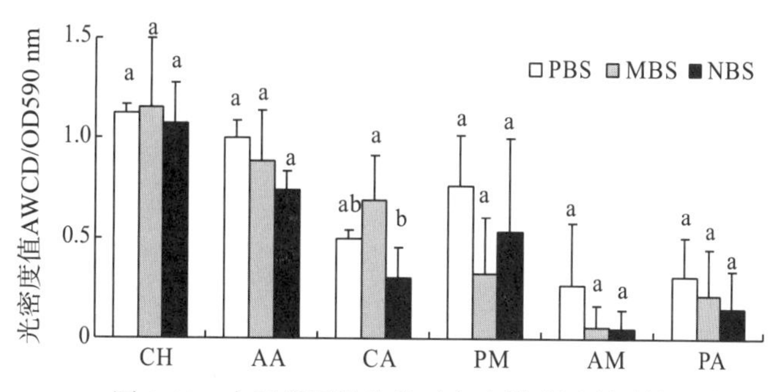

图 4-14　大豆根际微生物对六大类碳源利用的影响

PBS、MBS、NBS 分别表示大豆塑料分隔、大豆尼龙网分隔和大豆不分隔，后同。

4.3.3　玉米大豆根系互作对根际微生物群落多样性指数的影响

由表 4-17 和表 4-18 可知，培养 120 h 后，在土培试验中根系分隔对玉米和大豆的根际微生物群落的 Shannon-Wiener 指数、均匀度指数和 Simpson 指数都没有显著影响（$P<0.05$）；在田间试验中，不同的种植模式对玉米和大豆的根际微生物群落的 Shannon-Wiener 指数、均匀度指数和 Simpson 指数都没有显著影响。

表 4-17　根系分隔对玉米多样性指数的影响

	处理	Shannon-Wiener 指数	均匀度指数	Simpson 指数
土培试验	完全分隔	3.09±0.01[a]	0.90±0.00[a]	0.95±0.00[a]
	尼龙网分隔	3.07±0.11[a]	0.90±0.03[a]	0.94±0.01[a]
	不分隔	2.95±0.03[a]	0.87±0.01[a]	0.94±0.00[a]
田间试验	单作	3.17±0.10[a]	0.93±0.02[a]	0.95±0.01[a]
	间作	3.17±0.10[a]	0.95±0.00[a]	0.95±0.00[a]

表 4-18　根系分隔对大豆多样性指数的影响

	处理	Shannon-Wiener 指数	均匀度指数	Simpson 指数
土培试验	完全分隔	3.02±0.09[a]	0.88±0.03[a]	0.94±0.01[a]
	尼龙网分隔	2.94±0.21[a]	0.90±0.02[a]	0.94±0.01[a]
	不分隔	2.77±0.21[a]	0.90±0.02[a]	0.93±0.02[a]
田间试验	单作	3.17±0.07[a]	0.92±0.02[a]	0.95±0.00[a]
	间作	3.15±0.03[a]	0.94±0.01[a]	0.95±0.00[a]

4.3.4 玉米大豆根系互作下根际微生物对碳源利用多样性 PCA 和 PLS-EDA 分析

4.3.4.1 玉米根际微生物对碳源利用多样性 PCA 和 PLS-EDA 分析

由图 4-15 可以看出，运用 PCA 方法分析根系分隔对玉米根际微生物对碳源利用多样性的影响，主成分 1（PC1＝24.7%）大于主成分 2（PC2＝19.5%），但是玉米尼龙网分隔处理与另外两个处理没有分开。

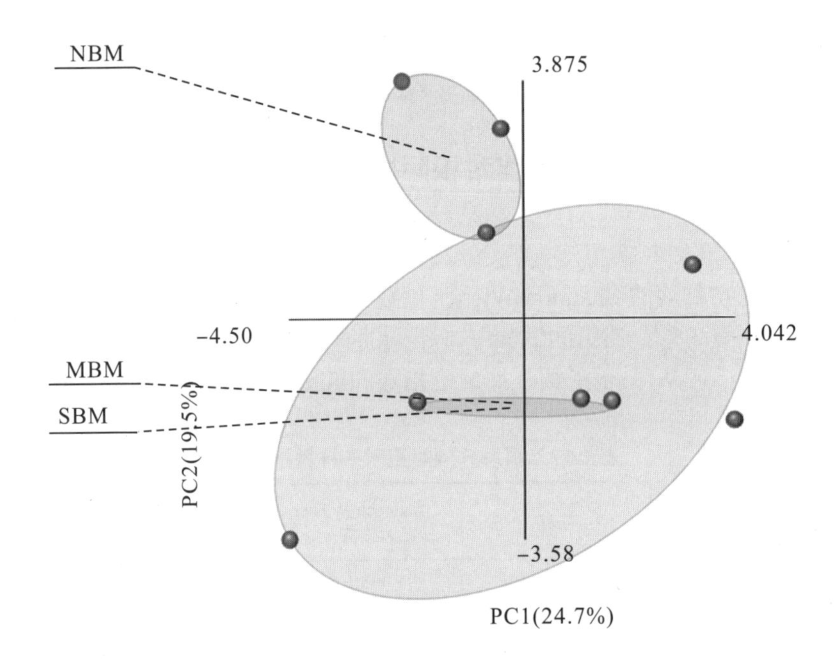

图 4-15 玉米根际微生物的 PCA 分析

由图 4-16 可以看出，运用 PLS-EDA 方法分析根系分隔对玉米根际微生物多样性的影响，主成分 1（PC1＝17.8%）大于主成分 2（PC2＝13.3%），3 个处理间均分开；同时通过 PLS-EDA 分析方法判别出玉米根际微生物对碳源利用能力强的前 10 种碳源，分别是吐温 40、α-环糊精、肝糖、D,L-α-磷酸甘油、D-半乳糖醛酸、4-羟基苯甲酸、γ-羟丁酸、α-丁酮酸、苯乙胺和腐胺，其中聚合物类和羧酸类碳源各有 3 种，胺类碳源有 2 种，碳水化合物类和酚类碳源各有 1 种。

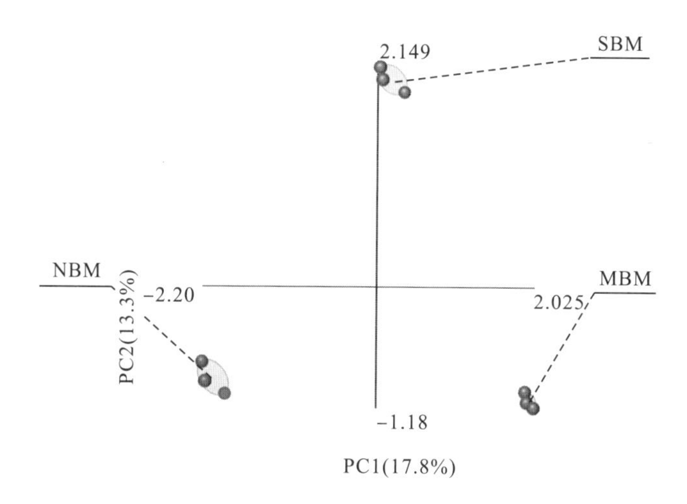

图 4-16　玉米根际微生物的 PLS-EDA 分析

4.3.4.2　大豆根际微生物对碳源利用多样性 PCA 和 PLS-EDA 分析

由图 4-17 可以看出，运用 PCA 方法分析根系分隔对大豆根际微生物对碳源利用多样性的影响，主成分 1（PC1＝37%）大于主成分 2（PC2＝18.3%），但是大豆不分隔处理与另外两个处理没有分开。

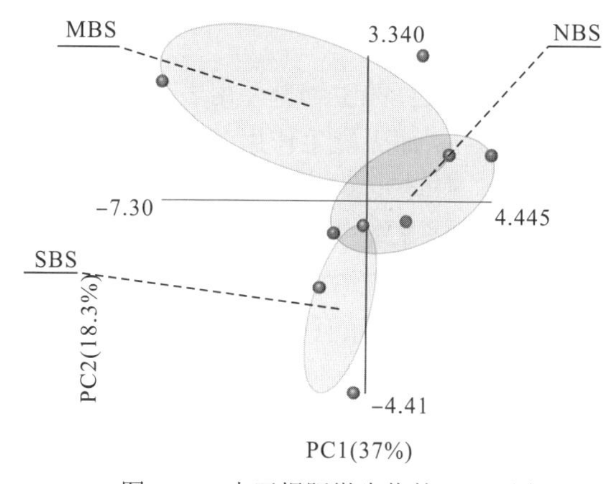

图 4-17　大豆根际微生物的 PCA 分析

由图 4-18 可以看出，运用 PLS-EDA 方法分析根系分隔对玉米根际微生物多样性的影响，主成分 2（PC2＝12.7%）大于主成分 1（PC1＝11.9%），3 个处理间均分开；同时通过 PLS-EDA 分析方法判别出大豆根际微生物对碳源利用能力强的前 10 种碳源，分别是 α-环糊精、肝糖、D-葡糖胺酸、D，L-α-磷酸甘油、D-半乳糖醛酸、2-羟基苯甲酸、衣康酸、α-丁酮酸、L-苯丙氨酸和腐胺，其中羧酸类碳源有 4 种，聚合类碳源有 2 种，碳水化合物类、酚类、氨基酸类和胺类碳源各有 1 种。综合玉米和大豆根际微生物对碳源利用多样性的PCA和PLS-EDA分析可以看出，PLS-EDA方法能区分各处理间的微小差异，并优于PCA分析方法。

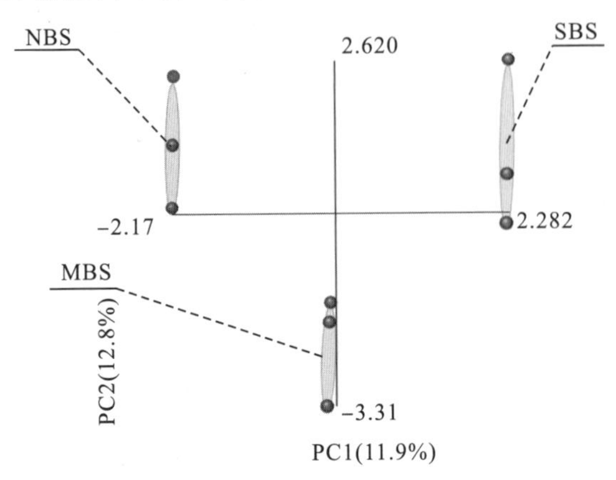

图4-18　大豆根际微生物的PLS-EDA分析

4.4　玉米大豆间作的生物量、产量

4.4.1　地上部生物量动态变化

不同分隔方式影响玉米、大豆的生物量。由表4-19可知，MBM处理可以认为两作物根系间只有促进作用，而无竞争作用。在大喇叭口期MBM处理玉米地上部生物量比PBM处理高，表明玉米生物量的增加主要还是由于根系相互作用，根系间水分、养分的交换，使玉米竞争到更多的水分和养分，最终使得玉米地上部生物量增加。NBM处理玉米地上部生物量高于PBM处理，并且在孕穗期以后，达差异显著水平，说明间作系统中根系互作对玉米地上部生物量的提高贡献最大，而且根系间的促进作用大于竞争作用。

表4-19　各生育期地上部生物量动态变化　（单位：g/株）

处理	苗期	大喇叭口/分枝期	孕穗/鼓粒期	成熟期
MBM	8.39±0.94[a]	31.58±1.27[a]	55.65±1.16[ab]	91.26±3.71[ab]
NBM	8.78±0.38[a]	27.58±0.81[b]	57.84±1.58[a]	97.40±0.18[a]
PBM	8.14±1.58[a]	29.99±0.71[bc]	51.28±0.93[b]	84.94±4.55[b]
MBS	4.30±0.21[a]	11.41±0.04[a]	16.98±1.71[a]	17.95±1.41[ab]
NBS	3.15±0.38[b]	9.96±0.47[a]	18.77±0.87[a]	20.66±1.46[a]
PBS	3.48±0.55[b]	10.61±0.87[a]	16.02±2.02[a]	16.12±1.26[b]

对于不同处理大豆各生育期地上部生物量的动态变化，由表 4-19 可知，不同的分隔处理对大豆地上部的生物量影响显著，分枝期及以前，NBS 处理的大豆地上部生物量低于其他两个处理，但差异不显著。鼓粒期及以后，NBS 处理大豆地上部生物量高于其他两个处理，在成熟期比 PBS 处理高 28.2%($P<0.05$)，表明孕穗/鼓粒期以后，玉米对水分、养分的吸收逐渐减少，而大豆为了弥补前期竞争作用导致生物量降低，后期逐渐恢复对水分、养分的吸收，最终导致大豆生物量提高。与 PBS 处理相比，MBS 处理的大豆地上部生物量在各生育期分别提高了 23.6%、7.5%、6.0%、11.4%，表明在鼓粒期以后根系不分隔对大豆地上部生物量贡献最大，塑料膜分隔最低。

4.4.2　经济产量

由图 4-19 可知，NBM 处理玉米的经济产量高于 MBM 处理，表明在根系完全相互作用下，有利于玉米对养分的竞争，从而提高了籽粒的产量。在水分、养分相互交换和地上部光、热竞争的 MBM 处理高于只有地上部光、热竞争作用的 PBM 处理，说明间作系统中玉米对资源的竞争力表现出很好的经济产量优势，根系间接相互作用提高了玉米的经济产量。NBS 处理大豆的经济产量比 PBS 处理低，比 MBS 处理高，表明间作系统中，玉米对大豆的限制作用小于大豆对玉米的促进作用，即整个间作系统中由于根系相互作用，其促进作用大于竞争作用，最终表现出根系互作经济产量优势。

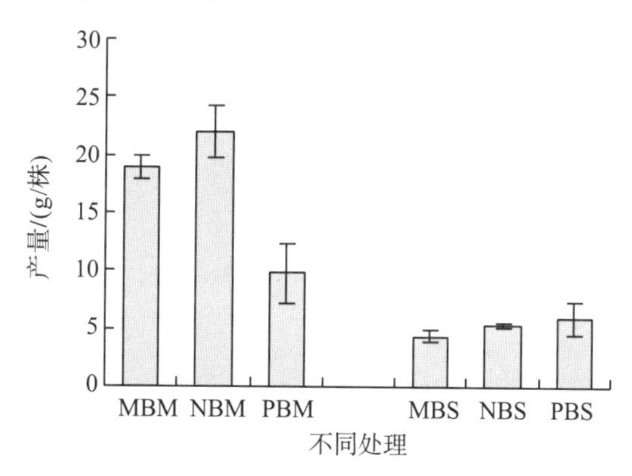

图 4-19　不同间作系统对玉米和大豆籽粒产量的影响

4.4.3　大豆根系结瘤数量

由表 4-20 可知，在水培条件下，间作(MB)与单作相比，根瘤数目在苗期提高 145.99%，在花期和鼓粒期分别降低了 23.89%、13.00%。间作(NB)与间作(MB)

相比，根瘤数目在全生育期呈现降低趋势，在苗期、花期及鼓粒期分别降低了73.62%、57.85%（$P<0.05$）及37.40%。

表 4-20　水培和土培大豆根瘤数目特征

采样时期	水培			土培		
	M	MB	NB	M	MB	NB
苗期	12.33 ± 3.06^{a}	30.33 ± 27.79^{a}	8.00 ± 1.00^{a}	114.60 ± 23.18^{a}	88.67 ± 20.13^{a}	91.00 ± 30.51^{a}
花期	44.67 ± 9.71^{b}	34.00 ± 7.21^{b}	14.33 ± 1.53^{a}	213.67 ± 46.9^{a}	200.00 ± 17.35^{a}	170.30 ± 18.58^{a}
鼓粒期	41.00 ± 7.21^{b}	35.67 ± 8.96^{a}	22.33 ± 14.64^{a}	272.67 ± 110.9^{a}	174.00 ± 19.05^{a}	240.30 ± 44.97^{a}

在土培件下，间作（MB）与单作相比，根瘤数目在全生育期有降低的趋势，分别在苗期、花期及鼓粒期降低了 22.63%、6.40%及 36.19%。间作（NB）与单作相比，根瘤数目在全生育期也呈现降低的趋势，在苗期、花期及鼓粒期分别降低了20.59%、20.30%及 11.87%。在整个生育期间作（NB）和间作（MB）的根瘤数目都比单作低，但无显著差异。

第5章　豆科禾本科作物间作根系分泌物的根际效应

5.1　间作根系分泌物的根际效应

植物根系通过各种方式将分配到根部的有机化合物、无机化合物释放到周围土壤中，形成根际淀积，产生根际效应。现有研究表明，根系分泌物影响植物的根际环境，是联系土壤、植物、微生物的桥梁(王振宇　等，2006)。从表5-1可以看出，在小麦蚕豆间作系统中，单位鲜根在单位时间内，根系分泌物中各组分的含量总体表现为水溶性糖＞有机酸＞氨基酸＞酚酸。特别是在小麦蚕豆生长前期(第57 d和第98 d)，根系分泌物中糖的含量占总分泌量的90%以上。进入小麦孕穗期(蚕豆结荚期)和小麦灌浆期(蚕豆籽粒膨大期)，有机酸分泌量增加，尤其在小麦灌浆期，单间作小麦有机酸分泌量均高于糖的分泌量。从表5-1也可以看出，酚酸在根系分泌物中的含量极低，低于总分泌量的0.1%；氨基酸分泌量次之，在全生育期，氨基酸分泌量仅占总分泌量的0.1%～3.5%。

从根系分泌总量来看，在小麦分蘖期、蚕豆分枝期，间作并没有提高根系有机酸分泌总量，但是在拔节期以后，小麦蚕豆间作显著提高了根系分泌总量，尤其是显著提高了小麦的分泌量，说明小麦蚕豆间作系统中，种间相互作用主要改变了生育后期根系的分泌。其主要原因可能是间作改变了生育期后期作物的生长和养分的吸收累积分配。此外，本书研究发现，间作显著提高了小麦蚕豆的根系活力，尤其是在小麦蚕豆生育后期，这或许也是间作提高根系分泌物总量的前提。

在植物的生长发育过程中，光合作用合成的碳约有20%以黏胶、脱落物以及低分子量分泌物等形式进入根际中(Marschner，1996)。而释放到根际中64%～86%的碳被微生物所利用。在小麦蚕豆间作系统中，糖类、氨基酸类、羧酸类是根际微生物利用的主要碳源(董艳　等，2008)。从本书研究结果来看，小麦蚕豆间作主要促进了根系有机酸、氨基酸、糖的分泌量，降低了酚酸的分泌量，说明小麦蚕豆间作提高了根系有机酸、氨基酸、糖的分泌量，为根际微生物的生长提供了更多的物质保障，也是间作提高根际微生物数量的物质基础。

表 5-1 小麦蚕豆间作条件下根系分泌物组成及分泌量

播种后天数/d	分泌物种类	分泌总量				所占比例/%			
		IW	MW	IF	MF	IW	MW	IF	MF
57	有机酸/(μg·g^{-1}·h^{-1})	18.7^{b}	7.3^{b}	1.8^{b}	0.2^{b}	15.8	6.5	2.3	0.3
	氨基酸/(μg·g^{-1}·h^{-1})	0.097^{c}	0.100^{c}	0.086^{c}	0.049^{c}	0.1	0.1	0.1	0.1
	糖类/(mg·g^{-1}·h^{-1})	0.099^{a}	0.104^{a}	0.076^{d}	0.076^{a}	84.1	93.4	97.6	99.6
	酚酸/(ng·g^{-1}·h^{-1})	0.015^{d}	0.215^{d}	0.061^{a}	0.122^{d}	—	—	—	—
	总量/(μg·g^{-1}·h^{-1})	118.1	111.4	78.3	76.7	—	—	—	—
98	有机酸/(μg·g^{-1}·h^{-1})	5.90^{b}	7.14^{b}	—	—	1.7	4.5	—	—
	氨基酸/(μg·g^{-1}·h^{-1})	2.68^{c}	2.78^{c}	1.95^{b}	1.63^{b}	0.8	1.8	1.6	1.5
	糖类/(mg·g^{-1}·h^{-1})	0.34^{a}	0.15^{a}	0.12^{a}	0.11^{a}	97.5	93.7	98.4	98.5
	酚酸/(ng·g^{-1}·h^{-1})	0.01^{d}	0.05^{d}	0.01^{c}	0.04^{c}	—	—	—	—
	总量/(μg·g^{-1}·h^{-1})	345.7	158.4	118.9	108.2	—	—	—	—
120	有机酸/(μg·g^{-1}·h^{-1})	179^{b}	132.0^{b}	50.0^{b}	57.0^{b}	25.4	25.3	25.5	28.9
	氨基酸/(μg·g^{-1}·h^{-1})	6.69^{c}	4.86^{c}	5.56^{b}	3.93^{c}	0.9	0.9	2.8	2.0
	糖类/(mg·g^{-1}·h^{-1})	0.52^{a}	0.38^{a}	0.14^{a}	0.14^{a}	73.6	73.7	71.7	69.1
	酚酸/(ng·g^{-1}·h^{-1})	0.02^{d}	0.07^{d}	0.03^{c}	0.02^{d}	—	—	—	—
	总量/(μg·g^{-1}·h^{-1})	704.5	521.4	196.1	196.9	—	—	—	—
142	有机酸/(μg·g^{-1}·h^{-1})	472.9^{a}	245.5^{a}	154.7^{a}	94.7^{b}	67.3	63.0	44.8	31.6
	氨基酸/(μg·g^{-1}·h^{-1})	12.2^{c}	7.7^{c}	11.8^{b}	8.5^{c}	1.7	2.0	3.4	2.8
	糖类/(mg·g^{-1}·h^{-1})	0.22^{b}	0.14^{b}	0.18^{a}	0.20^{a}	31.0	35.0	51.8	65.6
	酚酸/(ng·g^{-1}·h^{-1})	—	—	—	—	—	—	—	—
	总量/(μg·g^{-1}·h^{-1})	703.1	389.6	345.6	300.3	—	—	—	—

5.2　根系有机酸分泌的根际效应

从有机酸的分泌来看，在小麦蚕豆间作条件下，根系中有 0.04%～11.87%的有机酸分泌到根系分泌物，最终进入根际，影响根际微生物及根际养分的有效性。从根系分泌物中的种类来看(表 5-2、表 5-3)，富马酸分泌量最小，分泌量仅占有机酸分泌总量的 0.27%～0.31%；乙酸分泌量最高，土培条件下，乙酸分泌总量占总有机酸分泌量的 22.46%～100%，水培条件下为 12.01%～100%；乳酸、柠檬酸分泌量次之，土培条件下，其分泌量占有机酸分泌总量的 6.47%～100%和 0.06%～59.04%，水培条件下为 5.34%～33.29%和 0.37%～25.05%。水培条件下，在小麦拔节期(蚕豆开花期后)，有机酸分泌物中约有 8.57%～36.74%的草酸和 9.79%～55.96%的酒石酸。

表 5-2　不同有机酸种类占根系有机酸分泌总量的比例(土培)(%)

播种后天数/d	种植模式	乳酸	乙酸	柠檬酸	富马酸
57	IW	31.79^{a}	51.14^{a}	17.08^{b}	—
	MW	—	100	—	—
	IF	—	—	—	—
	MF	100	—	—	—
98	IW	53.99^{a}	—	46.01^{a}	—
	MW	34.49^{b}	65.51^{a}	—	—
120	IW	23.49^{b}	41.18^{a}	34.63^{ab}	0.69^{c}
	MW	77.48^{a}	22.46^{b}	0.06^{c}	—
	IF	12.69^{c}	33.29^{b}	53.74^{a}	—
	MF	40.62^{b}	0.07^{d}	59.04^{a}	0.27^{c}
142	IW	36.11^{b}	51.14^{a}	12.45^{c}	0.30^{d}
	MW	27.46^{b}	55.47^{a}	16.76^{c}	0.31^{d}
	IF	6.47^{b}	85.07^{a}	8.46^{b}	—
	MF	—	79.15^{a}	20.56^{b}	—

表 5-3　不同有机酸种类占根系有机酸分泌总量的比例(水培)(%)

移栽后天数/d	种植模式	草酸	苹果酸	乳酸	乙酸	柠檬酸	富马酸	酒石酸
35	W//F	—	17.47^{b}	15.09^{b}	47.45^{a}	17.77^{b}	2.22^{c}	—
	MW	—	11.79^{c}	8.13^{c}	58.79^{a}	20.86^{b}	0.44^{d}	—
	MF	13.93^{c}	24.43^{b}	—	39.01^{a}	21.52^{b}	1.11^{d}	—

续表

移栽后天数/d	种植模式	草酸	苹果酸	乳酸	乙酸	柠檬酸	富马酸	酒石酸
55	W//F	8.57[b]	—	—	33.12	25.05[a]	1.16[c]	32.10
	MW	9.86[b]	—	5.34[b]	34.09[a]	7.10[b]	0.46[c]	43.15[a]
	MF	—	—	—	100	—	—	—
85	W//F	10.75[c]	—	—	45.60[a]	0.58[d]	—	9.79[c]
	MW	9.86[c]	—	22.18[b]	12.01[c]	—	—	55.96[a]
	MF	36.74[a]	—	29.54[b]	33.35[a]	0.37[c]	—	—

研究证实，根系分泌物中的有机酸可以活化土壤中的难溶性养分(张福锁和曹一平，1992)，螯合重金属(史刚荣，2004)，提高作物的耐铝性(金婷婷 等，2007)。其中，有机酸在活化利用难溶性磷酸盐方面具有极其重要的作用。在石灰性土壤上，低分子量有机酸(如柠檬酸、草酸、苹果酸和酒石酸等)能促进$CaCO_3$的溶解；在红壤中，有机酸能显著促进红壤Fe^{2+}、Al^{3+}的释放，从而大大降低土壤对磷的吸附。不同有机酸活化石灰性土壤中磷的能力大小次序为草酸≥柠檬酸＞苹果酸＞酒石酸，而在红壤中这一次序为柠檬酸＞草酸＞酒石酸＞苹果酸。在小麦蚕豆间作系统中共检测到 7 种有机酸(表 5-3)。其中，间作有提高有机酸分泌种类和分泌速率的趋势。因此，间作可能通过分泌更多的有机酸来活化土壤中的难溶性养分，从而促进间作作物的养分吸收，也可为根际微生物的生长提供更多的碳源和能源。

在小麦蚕豆间作条件下，间作主要提高了柠檬酸和富马酸的含量。柠檬酸的大量分泌已被证实是植物适应低磷的主要反应之一。因此，小麦蚕豆间作释放更多的柠檬酸也必然是提高根际磷含量的基础。在间作系统中发现富马酸分泌量显著提高。但是，关于根系分泌物中富马酸与根际环境的研究还不多，因此富马酸在间作根际环境中的作用尚不清楚。

草酸、苹果酸、柠檬酸是根系分泌物中常见的有机酸组分。在小麦蚕豆间作系统中也检测到上述有机酸组分。但是小麦蚕豆间作系统中，根系分泌物中有机酸种类以乳酸、乙酸、柠檬酸为主，其中乳酸和乙酸的分泌量占有机酸分泌总量的 60%以上。因此，乳酸和乙酸的分泌与间作根际环境密切相关。但是关于乳酸和乙酸的根际生态效应目前仍不清楚。

根系分泌物中的有机酸大多是三羧酸循环的中间产物，它们与病原菌菌丝的生长和孢子的萌发密切相关。有机酸中的草酸是一种代谢副产物，在增强植物抗逆性等方面起着重要作用(张英鹏 等，2007)。如草酸能够增强甜瓜过氧化物酶的活性，诱导甜瓜对西瓜花叶病毒的系统抗性，减少黄瓜炭疽病病斑数和病斑面积(张元恩和刘英慧，1992)。苹果酸和柠檬酸是三羧酸循环的中间产物，在植物的生理生化过程中扮演着重要角色，其在病原菌抗性中也起到重要作用。研究表明，苹果酸和酒石酸对炭疽病病原菌菌丝生长的孢子萌发具有显著的抑制作用(刘丽等，2010)，柠檬酸的含量与西瓜的抗枯萎病性密切相关(张显和王鸣，1990)，柠檬酸能有效抑制马铃薯干腐病(张庆春 等，2009)。

葛少彬等(2014)对水稻的研究发现，硅通过改变水稻植物体内的有机酸代谢以增强稻瘟病的抗性。本书研究发现，间作改变了根系有机酸的分泌数量和种类，尤其是接种病原菌后，间作通过显著降低根际土中柠檬酸和苹果酸的含量来降低枯萎病的发病率和病情指数，说明种间互作改变了有机酸分泌对病原菌的响应。但是种间相互作用、有机酸分泌、病原菌之间的互作机制并不清楚，需要进一步深入研究。

5.3　根系酚酸分泌的根际效应

对西瓜的研究发现，低浓度的苯甲酸和肉桂酸可以促进西瓜幼苗的生长，但是随着浓度的提高，苯甲酸和肉桂酸抑制了西瓜的生长(王倩和李晓林，2003)。对烤烟的研究也发现，酚酸类物质对根际微生物的生长表现为低促、高抑的趋势(王戈，2012)。在小麦蚕豆间作条件下，间作显著降低了根系分泌物中酚酸的分泌速率，说明间作减少了酚酸分泌，是有利于根际微生物生长的。

大量研究充分证实，酚酸类物质在土壤中累积是造成连作障碍的原因之一(张淑香 等，2000)。水稻连作时，根系分泌物中含有大量的酚酸类物质，如对羟基苯甲酸、香豆酸、丁香酸、香草酸、杏仁酸和阿魏酸等，这些物质的大量分泌会抑制水稻根系的正常生长，是造成水稻减产的主要原因。在棉花(刘建国 等，2008)、豆类(张俊英 等，2008)、西瓜(郝文雅 等，2010)等连作田块中也得到相同的结果。在小麦蚕豆间作系统中，间作不仅降低了对羟基苯甲酸、丁香酸、香草酸的分泌速率，还减少了分泌物中酚酸的种类及根际土中酚酸的种类。对羟基苯甲酸、香豆酸、丁香酸、香草酸和阿魏酸是一类自毒物质，在小麦、大豆、黄瓜等作物中均有发现，它们会抑制种子的萌发，影响幼苗的生长。在小麦蚕豆间作系统中，研究发现间作减少了这类物质的分泌和累积，说明小麦蚕豆间作通过改变酚酸的分泌特性，减少酚酸在土壤中的累积，降低了自毒效应，改变了根际微环境，这也为合理间作降低连作障碍的发生提供了理论依据。

研究发现，西瓜、旱作水稻间作系统改善了西瓜连作枯萎病的发生情况，主要是由于西瓜、水稻根系分泌物中酚酸类物质的组分不同，水稻根系分泌物抑制了西瓜专化型尖孢镰刀菌的生长(郝文雅 等，2010)。小麦根系分泌物及其残体对杂草具有抑制作用，分泌酚酸类物质越多的小麦品种，其抑制杂草的能力越强。小麦蚕豆间作系统中，在根系分泌物中共检测到 3 种酚酸，即对羟基苯甲酸、香草酸和丁香酸，这些酚酸类物质的存在对间作根际环境有怎样的作用尚不清楚。小麦蚕豆间作可以降低蚕豆枯萎病的发生率(董艳 等，2013)，其原因可能也与酚酸类物质的分泌有关。研究发现，小麦根系酚酸分泌种类多于蚕豆根系，那么这类酚酸物质是否会对蚕豆枯萎病病原菌产生抑制或促进作用并最终改变间作系统中枯萎病的发生，都有待于进一步研究。

5.4 根系氨基酸分泌的根际效应

大多数陆生植物的根能向根际分泌含碳化合物，这样损失的碳占植物总固碳量的1%～40%，而损失的氮占植物总固氮量的10%左右(Mench and Martin，1991)。植物根系分泌的氨基酸主要集中在根表处，氨基酸在干燥土壤中的扩散距离仅有几微米，因此当根衰老组织死亡降解后能增加根际的氨基酸浓度，也利于根的再吸收(莫良玉 等，2002)。从表5-4可以看出，在小麦蚕豆间作条件下，0.2%～14%的氨基酸从小麦根系中释放，0.8%～50%的氨基酸从蚕豆根系中释放。这也为间作根际微生物的生长发育提供了一定的氮源。在本书研究条件下，间作提高了小麦蚕豆根际土中氨基酸的含量，这也为间作提高根际微生物数量提供了物质保障。

表5-4 分泌物中的氨基酸占根系氨基酸总量的比例(%)

种植模式	57 d	98 d	120 d
IW	0.28[a]	10.36[a]	13.47[a]
MW	0.33[a]	21.70[b]	10.96[a]
IF	0.78[a]	51.39[a]	27.30[a]
MF	0.37[b]	21.12[b]	18.22[b]

不同的氨基酸组分在根际环境中的作用并不相同。在对大豆根腐病菌的研究中发现，精氨酸和酪氨酸促进了尖镰孢菌菌落的生长，丝氨酸和天冬氨酸则抑制了尖镰孢菌菌落的生长(张俊英 等，2007)。在间作系统中发现，间作改变了氨基酸分泌量，因此间作也可能改变根际微生物，包括根际病原菌的生长发育。本书的研究尚不能明确间作主要是改变了哪类氨基酸的分泌，因此还需进一步深入研究才能明确各氨基酸组分对根际环境的影响。

从研究结果来看，氨基酸在根系分泌物中所占的比例较小(表5-1)，因此有研究者认为，根系分泌的氨基酸不足以为根际微生物的生长提供所需的氮源。对小麦蚕豆间作系统的研究表明，氨基酸类是根际微生物利用的主要碳源之一，那么在间作系统中，氨基酸以及各氨基酸组分在根际环境中到底发挥怎样的作用，仍需进一步研究确定。

5.5　根系糖分泌的根际效应

在小麦蚕豆间作系统中，有 1%～18%的糖类从根系中分泌(表 5-5)，其中在小麦孕穗期、蚕豆结荚期前后，小麦根系中分泌的糖的比例超过蚕豆。从根系分泌物中各组分的分泌量来看，糖的分泌量显著高于有机酸、氨基酸及酚酸类(表 5-1)。根系分泌物中的糖为根际微生物的生长发育提供了所需的碳源，因此间作促进根系糖的分泌也是间作提高根际微生物数量的前提。

表 5-5　分泌物中的糖占根系总糖含量的比例(%)

种植模式	57 d	98 d	120 d
IW	1.07[a]	5.60[a]	17.71[a]
MW	1.28[a]	4.34[a]	17.10[a]
IF	6.79[a]	3.26[a]	9.47[a]
MF	5.31[a]	2.34[a]	8.71[a]

根系分泌物中糖的种类繁多，但是关于不同种类糖的组分对根际环境的影响目前人们知之甚少。研究发现，根系分泌物中的糖以蔗糖、果糖、葡萄糖、乳糖等为主，它们均与根际微生物的生长发育及根际酶活性密切相关。间作促进了根系糖的分泌，也为改善根际土壤酶活性及养分有效性创造了条件。但是关于各个糖组分在根际中的作用，还需进行深入研究。

在小麦蚕豆间作系统中，糖类、羧酸类及氨基酸类是根际微生物利用的主要碳源(董艳　等，2008)。本书研究发现，小麦蚕豆间作提高了根系分泌物中糖、氨基酸、有机酸的分泌，也为间作根际微生物的活动提供了更多的碳源，是间作提高根际微生物多样性的基础。此外，间作还改变了分泌物中有机酸的种类，提高了有机酸分泌速率，为间作提高根际养分的有效性创造了条件。因此，在小麦蚕豆间作系统中，间作通过改变作物根系分泌特性影响根际过程，最终为间作优势的形成打下基础。

第6章 结 论

根系分泌物在根—土—微生物互作过程中起着“语言”的作用，长期以来备受人们的关注。但是，尚未有人系统地探讨根系相互作用下间作根系分泌的变化特征和机制。本书通过田间试验、土培试验和水培试验，系统分析了小麦蚕豆间作、玉米大豆间作条件下，根系相互作用对根系、根系分泌物，根际土中有机酸、酚酸、糖、游离氨基酸、黄酮的含量和种类的影响，探讨了根系互作下间作种植对根系分泌特性的影响及相互作用机制。通过研究得到如下结论。

(1) 豆科禾本科间作具有显著的生物量优势、产量优势，LER 均大于 1。在豆科禾本科间作系统中，禾本科作物的竞争能力强于豆科作物。与单作相比，间作提高了蚕豆根冠比，提高了小麦、蚕豆根系活力。间作有提高小麦蚕豆、玉米大豆养分吸收累积的趋势；同时显著促进了氮素养分向蚕豆籽粒及茎叶中转移，促进了磷素养分向蚕豆籽粒中转移。

(2) 豆科禾本科根系相互作用改变了禾本科作物的根系形态参数，与单作相比，增加了小麦的根长密度、根表面积和体积，降低了根系平均直径。与单作玉米、大豆相比，根系相互作用促进了玉米根系的伸长，抑制了大豆根系的生长。

(3) 豆科禾本科根系相互作用提高了小麦蚕豆、玉米大豆根系有机酸的分泌量和分泌速率。水培条件下，在蚕豆开花期，间作根系有机酸分泌量是单作蚕豆的 1.5 倍。土培条件下，在小麦孕穗期，间作分泌柠檬酸、富马酸的速率分别是单作小麦的 179 倍和 184 倍。在小麦灌浆期，间作小麦分泌乳酸的速率是单作的 2.53 倍。水培条件下，在拔节期，间作根系分泌的柠檬酸和富马酸是单作小麦的 4.6 倍和 3.2 倍。玉米大豆间作，间作玉米在喇叭口期和孕穗期分别使有机酸分泌速率增加了 159.2%、88.01%；间作大豆在鼓粒期增加了 149.6%。分隔间作大豆在苗期、花期和鼓粒期分别增加了 114.7%、24.2%、389%。

(4) 豆科禾本科根系相互作用改变了小麦蚕豆、玉米大豆根系分泌有机酸的种类。土培条件下，在小麦分蘖期及拔节期，间作小麦根系分泌物中增加了柠檬酸和乳酸，减少了乙酸；在蚕豆分枝期，间作蚕豆根系分泌物中增加了乙酸，减少了乳酸；在籽粒膨大期，间作蚕豆根系分泌物中增加了乳酸，减少了富马酸。水培条件下，在小麦孕穗期，间作根系分泌物中增加了富马酸；在蚕豆分枝期，间作根系分泌物中减少了草酸；在蚕豆开花期，间作根系分泌物中增加了草酸、酒石酸、柠檬酸和富马酸；在蚕豆结荚期，间作分泌物中增加了酒石酸。结果表明：

与单作相比，在有机酸分泌种类上，分隔间作玉米苗期增加苹果酸，减少顺丁烯二酸，喇叭口期无变化，孕穗期减少了苹果酸。间作玉米苗期增加了苹果酸，喇叭口期减少了酒石酸和苹果酸，孕穗期减少了乳酸和顺丁烯二酸。分隔间作大豆苗期增加了柠檬酸，花期减少了酒石酸和乳酸，增加了乙酸，鼓粒期增加了酒石酸和苹果酸。间作大豆苗期增加了柠檬酸，花期减少了酒石酸和苹果酸，增加了乙酸；鼓粒期增加了酒石酸和苹果酸，减少了乳酸和顺丁烯二酸。

(5) 豆科禾本科根系相互作用降低了小麦蚕豆根系分泌物中酚酸的总量和分泌速率，减少了酚酸的种类。在小麦分蘖期、拔节期、孕穗期，间作根系酚酸分泌量分别下降 64.6%、70.01%和 39.0%；在蚕豆分枝期、开花期，间作根系酚酸分泌量分别下降 37.6%和 57.8%。与单作小麦相比，间作降低了对羟基苯甲酸、香草酸和丁香酸的分泌速率；与单作蚕豆相比，在分枝期和开花期，间作抑制了香草酸和对羟基苯甲酸的分泌。同时，小麦蚕豆间作减少了小麦根际土中酚酸的累积，改变了蚕豆根际土中酚酸的种类。在水培体系中，与单作相比，MB 玉米酚酸总分泌速率在全生育期增加；NB 玉米在苗期和孕穗期增加。MB 大豆在苗期和花期增加；NB 大豆在全生育期增加。在土培体系中，与单作相比，MB 玉米酚酸总分泌速率在喇叭口期和孕穗期增加；NB 玉米在喇叭口期和孕穗期增加。MB 大豆在全生育期增加；NB 大豆在全生育期减少。

(6) 豆科禾本科根系相互作用促进了大豆、蚕豆全生育期根系氨基酸的分泌量，同时提高了全生育期蚕豆根际土中氨基酸的含量。间作虽然没有改变小麦根系氨基酸的分泌量，却显著提高了拔节期、孕穗期根际土中氨基酸的含量。玉米大豆根系相互作用对玉米根系氨基酸分泌的影响因生育期、栽培条件不同而不同。水培条件下，与单作相比，MB 玉米和 NB 玉米在苗期和喇叭口期分泌速率提高。土培条件下，与单作相比，MB 玉米在全生育期分泌速率降低；NB 玉米在喇叭口期、孕穗期分泌速率降低。

(7) 豆科禾本科根系相互作用促进了根系糖的分泌量和分泌速率。土培条件下，在小麦拔节期、孕穗期、灌浆期，间作显著提高了小麦根系总糖及蔗糖的分泌量。水培条件下，与单作相比，在蚕豆分枝期、开花期、结荚期，间作提高了根系分泌物中总糖、还原糖、蔗糖的含量，在大豆全生育期均提高了根系糖的分泌量。

第7章 展　　望

(1)目前，对根系分泌物的研究多集中在单一的生物系统中，本书最大的创新点是：系统探讨了在物种多样性栽培条件下，根系分泌有机酸、酚酸、氨基酸和糖的动态变化特征；揭示了种间相互作用对根系分泌特性的影响，为合理间作提高作物产量、降低病害发生提供了理论依据，植物根系分泌物是植物—土壤—微生物体系物质循环的重要环节，其分泌受到多种自然因素及外界环境因素的影响。近年来，植物根系分泌物中的化感作用、自毒作用等受到越来越多的关注，但根系分泌物的提取、分离和鉴定方法需要进一步完善、统一，根系分泌物在生态和环境效应中的作用及其评估方法均有待深入的研究和探索。

(2)虽然间作增产、控病的机制研究已经较多，但是对根系分泌物的研究才刚刚起步。在根系分泌物的研究中，尚未有人系统探讨全生育期根系分泌物的动态变化特征。在间作模式下，本书系统地从种间互作的角度探讨了不同生育期根系分泌物的特征，从根系分泌物中有机酸、酚酸、氨基酸和糖类等方面明确了间作对根系分泌特性的影响，但是研究尚不能明确各类根系分泌物种类和数量的变化与病原菌相互作用之间的关系。根系分泌物中的部分酚类物质已经被确认为化感物质，在小麦蚕豆、玉米大豆间作系统中也鉴定到对羟基苯甲酸、香草酸和香豆酸的存在，是否还有其他的化感物质存在还有待进一步研究，其在种间相互作用中发挥怎样的作用，还有待于深入研究。

(3)地下部根系相互作用对豆科禾本科间作体系的贡献达 50%，但是地下部根系互作研究才刚刚起步。本书研究明确了豆科禾本科作物间作种间相互作用改变了根系分泌物特性，但是种间互作—根系分泌物—根际过程的调控机制尚不清楚，还需要进一步深入探讨。本书研究发现，根系互作改变了作物地上部的养分吸收利用、分配，地下部的微生物数量和多样性随之发生改变。但是豆科禾本科间作系统中尚无法定量评估微生物-根系分泌物-根际效应过程，也无法定量化揭示根系的作用，阐明根系相互作用在豆科禾本科作物间作体系中的贡献仍然是今后地下部研究工作的重点。

参 考 文 献

Marschner，1996. 高等植物的矿质营养[M]. 曹一平，陆景陵，译. 北京：中国农业大学出版社.

鲍士旦，2000. 土壤农化分析：第三版[M]. 北京：中国农业出版社.

布斯，1988. 镰刀菌属[M]. 陈其焕，译. 北京：农业出版社：31-37.

柴强，冯福学，2007. 玉米根系分泌物的分离鉴定及典型分泌物的化感效应[J]. 甘肃农业大学学报，(5)：43-48.

陈佰岩，郑毅，汤利，2009. 磷胁迫条件下小麦、蚕豆根系分泌物对红壤磷的活化[J]. 云南农业大学学报(自然科学版)，24(6)：869-875.

董艳，汤利，郑毅，等，2008. 小麦蚕豆间作条件下氮肥施用量对根际微生物区系的影响[J]. 应用生态学报，19(7)：1559-1566.

董艳，汤利，郑毅，等，2010. 施氮对间作蚕豆根际微生物区系和枯萎病发生的影响[J]. 生态学报，30(7)：1797-1805.

董艳，杨智仙，董坤，等，2013. 施氮水平对蚕豆枯萎病和根际微生物代谢功能多样性的影响[J]. 应用生态学报，24(4)：1101-1108.

甘林，陈福如，杨秀娟，等，2010. 木霉菌及其代谢产物对香蕉枯萎病菌的离体抑制作用研究[J]. 福建农业学报，25(4)：462-467.

高子勤，张淑香，1998. 连作障碍与根际微生态研究Ⅰ. 根系分泌物及其生态效应[J]. 应用生态学报，9(5)：549-554.

葛少彬，刘敏，蔡昆争，等，2014. 硅介导稻瘟病抗性的生理机理[J]. 中国农业科学，47(2)：240-251.

龚松贵，王兴祥，张桃林，等，2010. 低分子量有机酸对红壤无机磷活化的作用[J]. 土壤学报，47(4)：692-697.

郭兰萍，黄璐琦，蒋有绪，等，2006. 苍术根茎及根际土水提物生物活性研究及化感物质的鉴定[J]. 生态学报，26(5)：528-535.

韩丽梅，鞠会艳，杨振明，2005. 两种基因型大豆根分泌物对大豆根腐病菌的化感作用[J]. 应用生态学报，16(1)：137-141.

韩雪，潘凯，吴凤芝，2006. 不同抗性黄瓜品种根系分泌物对枯萎病病原菌的影响[J]. 中国蔬菜，(5)：13-15.

郝文雅，冉炜，沈其荣，等，2010. 西瓜、水稻根分泌物及酚酸类物质对西瓜专化型尖孢镰刀菌的影响[J]. 中国农业科学，43(12)：2443-2452.

郝晓娟，刘波，谢关林，2005. 植物枯萎病生物防治研究进展[J]. 中国农学通报，21(7)：319-322，337.

郝艳茹，劳秀荣，孙伟红，等，2003. 小麦/玉米间作作物根系与根际微环境的交互作用[J]. 农村生态环境，19(4)：18-22.

何春娥，赵秀芬，刘学军，等，2006. 燕麦/小麦间作对小麦生长和锰营养的影响[J]. 生态学报，26(2)：357-363.

何欣，郝文雅，杨兴明，等，2010. 生物有机肥对香蕉植株生长和香蕉枯萎病防治的研究[J]. 植物营养与肥料学报，16(4)：978-985.

贺根和，刘强，邓鹏，等，2010. 铝胁迫对芝麻根系分泌物的影响[J]. 江苏农业科学，38(5)：117-119.
胡红青，廖丽霞，王兴林，2002. 低分子量有机酸对红壤无机态磷转化及酸度的影响[J]. 应用生态学报，13(7)：867-870.
胡小加，余常兵，李银水，等，2010. 枯草芽孢杆菌 Tu-100 对油菜根系分泌物所含氨基酸的趋化性研究[J]. 土壤学报，47(6)：1243-1248.
胡元森，李翠香，杜国营，等，2007. 黄瓜根分泌物中化感物质的鉴定及其化感效应[J]. 生态环境，16(3)：954-957.
黄奔立，许云东，张顺琦，等，2009. 根系分泌物影响黄瓜枯萎病抗性的机理研究[J]. 扬州大学学报(农业与生命科学版)，28(3)：77-81.
黄高宝，张恩和，1998. 禾本科、豆科作物间套种植对根系活力影响的研究[J]. 草业学报，7(2)：18-22.
姜卉，赵平，汤利，等，2012. 云南省不同试验区小麦蚕豆间作的产量优势分析与评价[J]. 云南农业大学学报(自然科学版)，27(5)：646-652.
金婷婷，刘鹏，黄朝表，等，2007. 铝胁迫下大豆根系分泌物对根际土壤的影响[J]. 中国油料作物学报. 29(1)：42-48.
金扬秀，谢关林，2002. 瓜类枯萎病防治研究进展[J]. 植物保护，28(6)：43-45.
金扬秀，谢关林，孙详良，等，2003. 大蒜轮作与瓜类枯萎病发病的关系[J]. 上海交通大学学报(农业科学版)，21(1)：9-12.
康萍芝，白小军，沈瑞清，等，2006. 不同作物根系分泌物对小麦全蚀病菌的影响[J]. 内蒙古农业科技，(4)：37-38.
孔垂华，徐效华，梁文举，等，2004. 水稻化感品种根分泌物中非酚酸类化感物质的鉴定与抑草活性[J]. 生态学报，24(7)：1317-1322.
李春俭，马玮，张福锁，2008. 根际对话及其对植物生长的影响[J]. 植物营养与肥料学报，14(1)：178-183.
李合生，2000. 植物生理生化实验原理和技术[M]. 北京：高等教育出版社.
李进一，井印，雷琛琛，2010. 食用菌废料(菌糠)木霉发酵物对黄瓜土传病害防治及促生作用的初步研究[J]. 食用菌，32(4)：67-68.
李隆，李晓林，张福锁，2000. 小麦-大豆间作中小麦对大豆磷吸收的促进作用[J]. 生态学报，20(4)：629-633.
李隆，杨思存，孙建好，等，1999. 小麦/大豆间作中作物种间的竞争作用和促进作用[J]. 应用生态学报，10(2)：197-200.
李淑敏，李隆，张福锁，2004. 玉米/鹰嘴豆间作对有机磷利用差异的研究[J]. 中国农业科技导报，6(3)：45-49.
李廷轩，马国瑞，张锡洲，等，2005. 籽粒苋不同富钾基因型根系分泌物中有机酸和氨基酸的变化特点[J]. 植物营养与肥料学报，11(5)：647-653.
李勇杰，陈远学，汤利，等，2007. 地下部分隔对间作小麦养分吸收和白粉病发生的影响[J]. 植物营养与肥料学报，13(5)：929-934.
梁建根，王建明，2002. 辣椒枯萎病病原的初步研究[J]. 山西农业大学学报(自然科学版)，22(1)：29-31，45.
刘洪升，宋秋华，李凤民，2002. 根分泌物对根际矿物营养及根际微生物的效应[J]. 西北植物学报，22(3)：693-702.
刘建国，卞新民，李彦斌，等，2008. 长期连作和秸秆还田对棉田土壤生物活性的影响[J]. 应用生态学报，19(5)：1027-1032.
刘军，温学森，郎爱东，2007. 植物根系分泌物成分及其作用的研究进展[J]. 食品与药品，9(03A)：63-65.

刘丽，赵奎华，刘长远，等，2010. 已糖和有机酸对葡萄炭疽病菌生长发育的影响[J]. 沈阳农业大学学报，(001)：86-89.

刘鹏，金婷婷，黄朝表，等，2008. 短期铝胁迫下大豆根系分泌物的初始分泌特征[J]. 浙江农业学报，20(4)：219-224.

刘素慧，刘世琦，张自坤，等，2011. 大蒜根系分泌物对同属作物的抑制作用[J]. 中国农业科学，44(12)：2625-2632.

刘素萍，王汝贤，张荣，等，1998. 根系分泌物中糖和氨基酸对棉花枯萎菌的影响[J]. 西北农业大学学报，26(6)：30-35.

刘文菊，张西科，张福锁，1999. 根表铁氧化物和缺铁根分泌物对水稻吸收镉的影响[J]. 土壤学报，36(4)：463-469.

刘晓燕，何萍，金继运，2008. 氯化钾对玉米根系糖和酚酸分泌的影响及其与茎腐病菌生长的关系[J]. 植物营养与肥料学报，14(5)：929-934.

鲁莽，2012. 植物根系及其分泌物对微生物生长及活性的影响[J]. 化学与生物工程，29(3)：18-21.

陆文龙，曹一平，张福锁，1999. 根分泌的有机酸对土壤磷和微量元素的活化作用[J]. 应用生态学报，10(3)：379-382.

吕佩柯，1992. 中国蔬菜病虫害原色图谱[M]. 北京：农业出版社.

罗娅婷，汤利，郑毅，等，2012. 不同施氮水平下小麦蚕豆间作对作物产量和蚕豆根际镰刀菌的影响[J]. 土壤通报，43(4)：826-831.

罗永清，赵学勇，李美霞，2012. 植物根系分泌物生态效应及其影响因素研究综述[J]. 应用生态学报，23(12)：3496-3504.

骆世明，2005. 农业生态学研究的主要应用方向进展[J]. 中国生态农业学报，13(1)：1-6.

马艳，李艳霞，常志州，等，2010. 有机液肥的生物学特性及对黄瓜和草莓土传病害的防治效果[J]. 中国土壤与肥料，(5)：71-76.

孟祥波，彭殿林，2009. 瓜类枯萎病防治研究进展[J]. 上海蔬菜，(6)：10-12.

苗锐，张福锁，李隆，2009. 玉米、小麦和大麦与蚕豆间作体系不同根系分隔方式对蚕豆结瘤的影响[J]. 植物学报，44(2)：197-201.

乜兰春，冯振中，周镇，2007. 苯甲酸和对-羟基苯甲酸对西瓜种子发芽及幼苗生长的影响[J]. 中国农学通报，23(1)：237-239.

莫良玉，吴良欢，陶勤南，2002. 高等植物对有机氮吸收与利用研究进展[J]. 生态学报，22(1)：118-124.

牟金明，李万辉，张凤霞，等，1996. 根系分泌物及其作用[J]. 吉林农业大学学报，18(4)：114-118.

潘凯，吴凤芝，2007. 枯萎病不同抗性黄瓜(*Cucumis sativus* L.)根系分泌物氨基酸组分与抗病的相关性[J]. 生态学报，27(5)：1945-1950.

庞荣丽，介晓磊，方金豹，等，2007. 有机酸对不同磷源施入石灰性潮土后无机磷形态转化的影响[J]. 植物营养与肥料学报，13(1)：39-43.

乔鹏，汤利，郑毅，等，2010. 不同抗性小麦品种与蚕豆间作条件下的养分吸收与白粉病发生特征[J]. 植物营养与肥料学报，16(5)：1086-1093.

申建波，张福锁，毛达如，1998. 磷胁迫下大豆根分泌有机酸的动态变化[J]. 中国农业大学学报，3(S3)：44-48.

沈阿林，李学垣，吴受容，1997. 土壤中低分子量有机酸在物质循环中的作用[J]. 植物营养与肥料学报，3(4)：

363-371.
沈宏，1999. 根际难溶性磷的活化与特定根分泌物的分离鉴定[D]. 南京：中国科学院南京土壤研究所.
沈宏，严小龙，2000. 根分泌物研究现状及其在农业与环境领域的应用[J]. 农村生态环境，6(3)：51-54.
沈宏，严小龙，2002. 低磷和铝毒胁迫条件下菜豆有机酸的分泌与累积[J]. 生态学报，22(3)：387-394.
史刚荣，2004. 植物根系分泌物的生态效应[J]. 生态学杂志，(1)：97-101.
苏海鹏，汤利，刘自红，等，2006. 小麦蚕豆间作系统中小麦的氮同化物动态变化特征[J]. 麦类作物学报，26(6)：140-144.
苏世鸣，任丽轩，杨兴明，等，2008. 西瓜专化型尖孢镰刀菌的分离鉴定及水稻根系分泌物对其生长的影响[J]. 南京农业大学学报，31(1)：57-62.
孙祥良，谢关林，金扬秀，2003. 轮作与甜瓜类枯萎病发病的关系[J]. 浙江大学学报(农业与生命科学版)，29(1)：65-66.
谭勇，梁宗锁，王渭玲，等，2006. 氮、磷、钾营养对膜荚黄芪幼苗根系活力和游离氨基酸含量的影响[J]. 西北植物学报，26(3)：478-483.
田中民，2001. 根系分泌物在植物磷营养中的作用[J]. 咸阳师范学院学报，16(6)：60-63，69.
涂起红，石庆华，赵华春，2000. 营养胁迫下植物的生理生化反应研究进展[J]. 江西农业大学学报，22(5)：32-34.
涂书新，孙锦荷，郭智芬，等，2000. 植物根系分泌物与根际营养关系评述[J]. 土壤与环境，9(1)：64-67.
王戈，2012. 烤烟不同品种根系分泌物与黑胫病抗性关系研究[D]. 昆明：云南农业大学.
王嘉和，王崇德，陆宁，2002. 蚕豆枯萎病菌毒素液对蚕豆种子发芽及幼苗生长的影响[J]. 云南农业大学学报，17(4)：395-399.
王平，毕树平，2007. 植物根际微生态区域中铝的环境行为研究进展[J]. 生态毒理学报，2(2)：150-157.
王倩，李晓林，2003. 苯甲酸和肉桂酸对西瓜幼苗生长及枯萎病发生的作用[J]. 中国农业大学学报，8(1)：83-86.
王清红，李培征，2010. 香蕉枯萎病生物防治研究进展[J]. 安徽农业科学，38(20)：10747-10748.
王树起，韩晓增，严君，等，2009. 低分子量有机酸对大豆磷积累和土壤无机磷形态转化的影响[J]. 生态学杂志，28(8)：1550-1554.
王雪，段玉玺，陈立杰，等，2008. 大豆根系分泌物中氨基酸组分与抗大豆胞囊线虫的相关性研究[J]. 沈阳农业大学学报，39(6)：677-681.
王宇蕴，2010. 不同抗性小麦品种与蚕豆间作对小麦根际速效养分含量的影响[D]. 昆明：云南农业大学.
王振宇，吕金印，李凤民，等，2006. 根际沉积及其在植物-土壤碳循环中的作用[J]. 应用生态学报，17(10)：1963-1968.
王振中，2006. 香蕉枯萎病及其防治研究进展[J]. 中国植保导刊，26(7)：30.
王志颖，刘鹏，徐艳，2013. 抑制剂对铝胁迫下油菜根系代谢有机酸和相关酶活性的影响[J]. 环境科学学报，33(5)：1430-1440.
吴凤芝，黄彩红，赵凤艳，2002. 酚酸类物质对黄瓜幼苗生长及保护酶活性的影响[J]. 中国农业科学，35(7)：821-825.
吴凤芝，周新刚，2009. 不同作物间作对黄瓜病害及土壤微生物群落多样性的影响[J]. 土壤学报，46(5)：899-906.
吴蕾，马凤鸣，刘成，等，2009. 大豆与玉米、小麦、高粱根系分泌物的比较分析[J]. 大豆科学，28(6)：1021-1025.

肖靖秀，周桂夙，汤利，等，2006. 小麦/蚕豆间作条件下小麦的氮、钾营养对小麦白粉病的影响[J]. 植物营养与肥料学报，12(4)：517-522.

徐新娟，卫秀英，2010. PEPCase 在植物有机代谢中的研究进展[J]. 河南科技学院学报(自然科学版)，38(1)：10-13.

严小龙，2007. 根系生物学原理与应用. 北京：科学出版社：115-142.

严小龙，张福锁，1997. 植物营养遗传学[M]. 北京：中国农业出版社.

叶旭红，林先贵，王一明，2011. 尖孢镰刀菌致病相关因子及其分子生物学研究进展[J]. 应用与环境生物学报，17(5)：759-762.

雍太文，陈小容，杨文钰，等，2010. 小麦/玉米/大豆三熟套作体系中小麦根系分泌特性及氮素吸收研究[J]. 作物学报，36(3)：477-485.

张德闪，王宇蕴，汤利，等，2013. 小麦蚕豆间作对红壤有效磷的影响及其与根际 pH 值的关系[J]. 植物营养与肥料学报，19(1)：127-133.

张福锁，1992. 根分泌物及其在植物营养中的作用[J].北京农业大学学报,18(4)：353-356.

张福锁，曹一平，1992. 根系动态过程与植物营养[J]. 土壤学报. 29(3)：239-250.

张福锁，申建波，冯固，等，2009. 根际生态学-过程与调控[M]. 北京：中国农业大学出版社.

张俊英，王敬国，许永利，2007. 不同大豆品种根系分泌物中有机酸和酚酸的比较研究[J]. 安徽农业科学，35(23)：7127-7129，7131.

张俊英，王敬国，许永利，2008. 大豆根系分泌物中氨基酸对根腐病菌生长的影响[J]. 植物营养与肥料学报，14(2)：308-315.

张庆春，李永才，毕阳，等，2009. 柠檬酸处理对马铃薯干腐病的抑制作用及防御酶活性的影响[J]. 甘肃农业大学学报，44(3)：146-150.

张淑香，高子勤，2000. 连作障碍与根际微生态Ⅱ. 根系分泌物与酚酸物[J]. 应用生态学报，11(1)：152-156.

张淑香，高子勤，刘海玲，2000. 连作障碍与根际微生态研究Ⅲ. 土壤酚酸物质及其生物学效应[J]. 应用生态学报，11(5)：741-744.

张太平，潘伟斌，2003. 根际环境与土壤污染的植物修复研究进展[J]. 生态环境，12(1)：76-80.

张显，王鸣，1990. 西瓜枯萎病抗性与西瓜幼苗根系中某些有机酸含量关系的研究[J]. 中国西瓜甜瓜，(2)：10-18.

张显，王鸣，2001. 西瓜枯萎病抗性及其与体内一些生化物质含量的关系[J]. 西北农业学报，10(4)：34-36.

张英鹏，杨运娟，杨力，等，2007. 草酸在植物体内的累积代谢及生理作用研究进展[J]. 山东农业科学，39(6)：61-67.

张元恩，刘英慧，1992. 非杀菌剂化合物防治瓜类病害的研究[J]. 植物病理学报，22(3)：241-244.

张志红，李华兴，韦翔华，等，2008. 生物肥料对香蕉枯萎病及土壤微生物的影响[J]. 生态环境，17(6)：2421-2425.

张志红，赵兰凤，李华兴，等，2011. 生物有机肥对香蕉幼苗根系分泌物的影响[J]. 华南农业大学学报，32(1)：11-14.

章爱群，贺立源，赵会娥，等，2009. 有机酸对土壤无机态磷转化和速效磷的影响[J]. 生态学报，29(8)：4061-4069.

赵兰凤，胡伟，刘小锋，等，2013. 生物有机肥对香蕉枯萎病及根系分泌物的影响[J]. 生态环境学报，22(3)：423-427.

赵平，鲁耀，董艳，等，2010a. 小麦蚕豆间作下氮素营养水平对小麦硅营养的影响[J]. 西北农业学报，19(2)：78-84.

赵平，郑毅，汤利，等，2010b. 小麦蚕豆间作施氮对小麦氮素吸收、累积的影响[J]. 中国生态农业学报，18(4)：1-6.

赵文杰，张丽静，畅倩，等，2011. 低磷胁迫下豆科植物有机酸分泌研究进展[J]. 草业科学，28(6)：1207-1213.

郑毅，汤利，2008. 间作作物的养分吸收利用与病害控制关系研究[M]. 昆明：云南科技出版社.

周宝利，尹玉玲，李云鹏，等，2010. 嫁接茄根系分泌物与抗黄萎病的关系及其组分分析[J]. 生态学报，30(11)：3073-3079.

周洪友，杨合同，唐文华，2004. 沙打旺根腐病发生及病原菌鉴定[J]. 草地学报，12(4)：285-288，297.

周丽莉，2005. 蚕豆、大豆、玉米根系质子和有机酸分泌差异及其在间作磷营养中的意义[D]. 北京：中国农业大学.

周照留，赵平，汤利，等，2007. 小麦蚕豆间作对作物根系活力、蚕豆根瘤生长的影响[J]. 云南农业大学学报，22(5)：665-671.

朱海燕，刘忠德，王长荣，等，2005. 茶柿间作系统中茶树根际微环境的研究[J]. 西南师范大学学报(自然科学版)，30(4)：715-718.

朱丽霞，章家恩，刘文高，2003. 根系分泌物与根际微生物相互作用研究综述[J]. 生态环境，12(1)：102-105.

左存武，孙清明，黄秉智，等，2010. 利用根系分泌物与绿色荧光蛋白标记的病原菌互作关系鉴定香蕉对枯萎病的抗性[J]. 园艺学报，37(5)：713-720.

左文博，吴静利，杨奇，等，2010. 干旱胁迫对小麦根系活力和可溶性糖含量的影响[J]. 华北农学报，25(6)：191-193.

Ae N, Arihara K, Okada K, et al., 1990. Phosphorus uptake by pigenon pea and its role in cropping systems of the Indian subcontinent [J]. Science, 248(4954):477-480.

Ågren G I，Franklin O，2003. Root：shoot ratios，optimization and nitrogen productivity[J]. Annals of Botany，92(6)：795-800.

Asaduzzaman M，Asao T，2012. Autotoxicity in beans and their allelochemicals[J]. Scientia Horticulturae，134：26-31.

Aulakh M S，Wassmann R，Bueno C，et al.，2001. Characterization of root exudates at different growth stages of ten rice (*Oryza sativa sativa* L.) cultivars [J]. Plant Biology，3(2)：139-148.

Badri D V，Vivanco J M. 2009. Regulation and function of root exudates[J]. Plant，Cell & Environment，32(6)：666-681.

Bais H P，Park S W，Weir T L，et al.，2004. How plants communicate using the underground information superhighway[J]. Trends in Plant Science，9(1)：26-32.

Bais H P，Weir T L，Perry L G，et al.，2006. The role of root exudates in rhizosphere interactions with plants and other organisms[J]. Annu. Rev. Plant Biol.，57：233-266.

Bertin C，Yang X H，Weston L A，2003. The role of root exudates and allelochemicals in the rhizosphere[J]. Plant and Soil，256：67-83.

Brady N C，Weil R R，1996. The Nature And Properties Of Soils[M]. Upper Saddle River：Prentice-Hall Inc.

Brimecombe M J，Leij F A，Lynch J M，2001. Nematode community structure as a sensitive indicator of microbial perturbations induced by a genetically modified Pseudomonas fluorescens strain[J]. Biology and Fertility of Soils，34(4)：270-275.

Broeckling C D，Broz A K，Bergelson J，et al.，2008. Root exudates regulate soil fungal community composition and diversity[J]. Applied and Environmental Microbiology，74(3)：738-744.

Bürgmann H，Meier S，Bunge M，et al.，2005. Effects of model root exudates on structure and activity of a soil diazotroph community[J]. Environmental Microbiology，7(11)：1711-1724.

Burhan N，Shaukat S S，2000. Effects of atrazine and phenolic compounds on germination and seedling growth of some crop plants[J]. Pakistan Journal of Biological Sciences，3(2)：269-274.

Callaway R M，2007. Direct mechanisms for facilitation[M]//Positive Interactions and Interdependence in Plant Communities. Dordreche：Springer Netherlands：15-116.

Cardon Z G，Whitbeck J L，et al.，2011. The Rhizosphere：An Ecological Perspective[M]. Cambridge：Academic press.

Carvalhais L C，Dennis P G，Fedoseyenko D，et al.，2011. Root exudation of sugars，amino acids，and organic acids by maize as affected by nitrogen，phosphorus，potassium，and iron deficiency[J]. Journal of Plant Nutrition and Soil Science，174(1)：3-11.

Chen Y X，Zhang F S，Tang L，et al.，2007. Wheat powdery mildew and foliar N concentrations as influenced by N fertilization and belowground interactions with intercropped faba bean[J]. Plant and Soil，291(1)：1-13.

Cheng L Y，Bucciarelli B，Shen J B，et al.，2011. Update on white lupin cluster root acclimation to phosphorus deficiency update on lupin cluster roots[J]. Plant Physiology，156(3)：1025-1032.

Cheng W X，Zhang Q L，Coleman D C，et al.，1996. Is available carbon limiting microbial respiration in the rhizosphere?[J]. Soil Biol. Biochem，28(10-11)：1283-1288.

Chesson A，Stewart C S，Wallace R J，1982. Influence of plant phenolic acids on growth and cellulolytic activity of rumen bacteria[J]. Applied and Environmental Microbiology，44(3)：597-603.

Curl E A，Truelove B，1986. The Rhizosphere[M]. Berlin：Springer-Verlag.

Dai C C，Chen Y，Wang X X，et al.，2013. Effects of intercropping of peanut with the medicinal plant Atractylodes lancea on soil microecology and peanut yield in subtropical China[J]. Agroforestry Systems，87(2)：417-426.

Dakora F D，Phillips D A，2002. Root exudates as mediators of mineral acquisition in low-nutrient environments[J]. Plant and Soil，245(1)：35-47.

Darrah P R，1991. Models of the rhizosphere[J]. Plant and Soil，133(2)：187-199.

Dixon R A，Paiva N L，1995. Stress-induced phenylpropanoid metabolism [J]. The Plant Cell，7：1085-1097.

Dong J，Mao W H，Zhang G P，et al.，2007. Root excretion and plant tolerance to cadmium toxicity-a review [J]. Plant，Soil and Environment，53(5)：193-200.

Estabrook E M，Yoder J I，1998. Plant-plant communications：rhizosphere signaling between parasitic angiosperms and their hosts[J]. Plant Physiology，116(1)：1-7.

Falik O，Reides P，Gersani M，et al.，2005. Root navigation by self inhibition[J]. Plant，Cell&Environment：562-569.

Fan F L，Zhang F S，Song Y N，et al.，2006. Nitrogen fixation of faba bean（*Vicia faba* L.）interacting with a non-legume in two contrasting intercropping systems[J]. Plant and Soil，283(1-2)：275-286.

Fridley J D，2001. The influence of species diversity on ecosystem productivity：how，where，and why?[J]. Oikos，93(3)：

514-526.

Fustec J，Lesuffleur F，Mahieu S，et al.，2011. Nitrogen Rhizodeposition of Legumes[M]. Berlin：Springer-VerLag.

Fang S Q，Gao X，Deng Y，et al.，2011. Crop root behavior coordinates phosphorus status and neighbors：form field studies to three-dimensional in situ reconstruction of root system architecture [J]. Plant Physiology，155：1277-1285.

Gao X, Wu M, Xu R N, et al., 2014. Root interactions in a maize/soybean intercropping system control soybean soil-borne disease, red crown rot [J]. PLoS One, 9(5), e95031.

Garcia C，Roldan A，Hernandez T，1997. Changes in microbial activity after abandonment of cultivation in a semiarid Mediterranean environment[J]. Journal of Environmental Quality，26(1)：285-292.

Gardner W K, Barber D A, Parbery D G, 1983. The acquisition of phosphorus by Lupinus albus L[J]. Plant and Soil, 70(1)：107-124.

Gransee A，Wittenmayer L，2000. Qualitative and quantitative analysis of water-soluble root exudates in relation to plant species and development[J]. Journal of Plant Nutrition and Soil Science，163(4)：381-385.

Hakea H，2004. Expression of phosphoenolpyruvate carboxylase and the alternative oxidase[J]. Plant Physiology，135：549-560.

Hao W Y, Ren L X, Ran W, et al., 2010. Allelopathic effects of root exudates from watermelon and rice plants on Fusarium oxysporum f. sp. niveum [J]. Plant and Soil, 336(1): 485-497.

Hawes M C，Gunawardena U，Miyasaka S，et al.，2000. The role of root border cells in plant defense[J]. Trends in Plant Science，5(3)：128-133.

Henrik H N，Bjarne J，Julia K G，et al.，2007. Legume–cereal intercropping：the practical application of diversity，competition and facilitation in arable and organic cropping systems[J]. Renew. Agric. Food Syst，23(1)：3-12.

Hentzer M，Wu H，Andersen J B，et al.，2003. Attenuation of *Pseudomonas aeruginosa* virulence by quorum-sensing in hibitors[J]. The EMBO Joumal，22(15)：3803-3815.

Hinsinger P，Betencourt E，Bernard L，et al.，2011. P for two，sharing a scarce resource：soil phosphorus acquisition in the rhizosphere of intercropped species[J]. Plant Physiology，156(3)：1078-1086.

Horst W J，Wagner A，Marschner H，1982. Mucilage protects root meristems from aluminium injury[J]. Z Pflanzenphysiol，105(5)：435-444.

Inal A，Gunes A，Zhang F，et al.，2007. Peanut/maize intercropping induced changes in rhizosphere and nutrient concentrations in shoots[J]. Plant Physiology and Biochemistry，45(5)：350-356.

Ito O，Johansen C，Adu-Gyamfi J J，et al.，1994. Roots and Nitrogen In Cropping Systems of the Semi-Arid Tropics[M]. New Delhi：International Crops Research Institute for the Semi-Arid Tropics.

Jilani G，Mahmood S，Chaudhry A N，et al.，2008. Allelochemicals：sources，toxicity and microbial transformation in soil-a review[J]. Annals of Microbiology，58(3)：351-357.

Jones D L，1998. Organic acids in the rhizosphere-a critical review[J]. Plant and soil，205(1)：25-44.

Jones D L，Edwards A C，Donachie K，et al.，1994. Role of proteinaceous amino acids released in root exudates in nutrient acquisition from the rhizosphere[J]. Plant and Soil，158(2)：183-192.

Jones D L，Nguyen C，Finlay R D，2009. Carbon flow in the rhizosphere：carbon trading at the soil-root interface[J]. Plant and Soil，321(1)：5-33.

Juszczuk I M，Wiktorowska A，Malusá E，et al.，2004. Changes in the concentration of phenolic compounds and exudation induced by phosphate deficiency in bean plants（Phaseolus vulgaris L.）[J]. Plant and Soil，267(1)：41-49.

Kamilova F，Kravchenko L V，Shaposhnikov A I，et al.，2006. Organic acids，sugars，and L-Tryptophane in exudates of vegetables growing on stonewool and their effects on activities of rhizosphere bacteria[J]. MPMI，19(3)：250-256.

Kato-Noguchi H，Le Thi H，Sasaki H，et al.，2012. A potent allelopathic substance in cucumber plants and allelopathy of cucumber[J]. Acta Physiologiae Plantarum，34(5)：2045-2049.

Kefeli V I，Kalevitch M V，Borsari B，2003. Phenolic cycle in plants and environment[J]. J. Cell Mol. Biol，2：13-18.

Kong C H，Liang W N，Hu F，et al.，2004. Allelochemicals and their transformations in the ageratum conyzoides intercropped citrus orchard soils [J]. Plant and Soil，264(1)：149-157.

Kremer R，Means N，Kim S，2005. Glyphosate affects soybean root exudation and rhizosphere micro-organisms[J]. International Journal of Environmental Analytical Chemistry，85(15)：1165-1174.

Kuiters A T，Denneman C A J，1987. Water-soluble phenolic substances in soils under several coniferous and deciduous tree species[J]. Soil Biology and Biochemistry，19(6)：765-769.

Kuzyakov Y，2002. Review：factors affecting rhizosphere priming effects[J]. Journal of Plant Nutrition and Soil Science，165(4)：382-396.

Lafay S，Gil-Izquierdo A，2008. Bioavailability of phenolic acids[J]. Phytochemistry Reviews，7(2)：301-311.

Li B, Li Y Y, Wu H M, et al., 2016. Root exudates drive interspecific facilitation by enhancing nodulation and N2 fixation [J]. PNAS, 113: 6496-6501.

Li C Y，He X H，Zhu S S，et al.，2009. Crop diversity for yield increase[J]. PLoS One，4(11)：8049-8053.

Li L，Yang S C，Li X L，et al.，1999. Interspecific complementary and competitive interactions between intercropped maize and faba bean[J]. Plant and Soil，212(2)：105-114.

Li L，Sun J H，Zhang F S，et al.，2001. Wheat/maize or wheat/soybean strip intercropping[J]. Field Crops Research，71(3)：173-181.

Li L，Sun J H，Zhang F S，et al.，2006. Root distribution and interactions between intercropped species[J]. Oecologia，147：280-290.

Li L，Li S M，Sun J H，et al.，2007. Diversity enhances agricultural productivity via rhizosphere phosphorus facilitation on phosphorus deficient soils [J]. PNAS，104(27)：11192-11196.

Li S M，Li L，Zhang F S，et al.，2004. Acid phosphatase role in chickpea/maize intercropping[J]. Annals of Botany，94(2)：297-303.

Li Z H，Wang Q，Ruan X，et al.，2010. Phenolics and plant allelopathy[J]. Molecules，15(12)：8933-8952.

Li Z R, Wang J X, An L Z, et al., 2019. Effect of root exudates of intercropping *Vicia faba and Arabis alpina* on accumulation and sub-cellular distribution of lead and cadmium[J]. International Journal of Phytoremediation, 21(1)：4-13.

Liang C Y, Piñeros M A, Tian J, et al., 2013. Low pH, aluminum and phosphorus coordinately regulate malate exudation through *GmALMT1* to improve soybean adaptation to acid soils[J]. Plant Physiology, 161(3): 1347-1361.

Liao H, Wan H Y, Jon S, et al., 2006. Exudation of specific organic acids from different regions of the intact root system [J]. Plant Physiology, 141: 674-684.

Lucas G J A, Barbas C, Probanza A, et al., 2001. Low molecular weight organic acids and fatty acids in root exudates of two Lupinus cultivars at flowering and fruiting stages[J]. Phytochemical Analysis, 12(5): 305-311.

Lugtenberg B J J, Kravchenko L V, Simons M, 1999. Tomato seed and root exudate sugars: composition, utilization by Pseudomonas biocontrol strains and role in rhizosphere colonization[J]. Environmental Microbiology, 1(5): 439-446.

Lugtenberg B, Kamilova F, 2009. Plant-growth-promoting rhizobacteria[J]. Annual Review of Microbiology, 63: 541-556.

Luthria D L, Pastor-Corrales M A, 2006. Phenolic acids content of fifteen dry edible bean (Phaseolus vulgaris L.) varieties [J]. Journal of Food Composition and Analysis, 19(2-3): 205-211.

Lynch J M, Whipps J M, 1991. Substrate Flow in the Rhizosphere[M]. Berlin: Springer Netherlands.

Makoi J H J R, Ndakidemi P A, 2007. Biological, ecological and agronomic significance of plant phenolic compounds in rhizosphere of the symbiotic legumes[J]. African Journal of Biotechnology, 6(12): 1358-1368.

Mandal S M, Chakraborty D, Dey S, 2010. Phenolic acids act as signaling molecules in plant-microbe symbioses[J]. Plant Signaling & Behavior, 5(4): 359-368.

Mandeel Q A, 2006. Influence of plant root exudates, germ tube orientation and passive conidia transport on biological control of Fusarium wilt by strains of nonpathogenic *Fusarium oxysporum*[J]. Mycopathologia, 161: 173-182.

Martens D A, 2002. Relationship between plant phenolic acids released during soil mineralization and aggregate stabilization[J]. Soil Science Society of America Journal, 66(6): 1857-1867.

Martinez-Toledo M V, De La Rubia T, Moreno J, et al., 1988. Root exudates of Zea mays and production of auxins, gibberellins and cytokinins byAzotobacter chroococcum[J]. Plant and Soil, 110(1): 149-152.

Mattila P, Hellström J, 2007. Phenolic acids in potatoes, vegetables, and some of their products [J]. Journal of Food Composition and Analysis, 20(3-4): 152-160.

Meharg A A, Killham K, 1995. Loss of exudates from the roots of perennial ryegrass inoculated with a range of micro-organisms[J]. Plant and Soil, 170(2): 345-349.

Mench M, Martin E, 1991. Mobilization of cadmium and other metals from two soils by root exudates of *Zea mays* L, *Nicotiana tabacum* L. and *Nicotiana rustica* L[J]. Plant and Soil, 132(2): 187-196.

Miyasaka S C, Buta J G, Howell R K, et al., 1991. Mechanism of Aluminum tolerance in Sanpbean, root exudation of citric acid[J]. Plant physiology, 96(3): 737-743.

Nguyen C, 2003. Rhizodeposition of organic C by plants: mechanisms and controls[J]. Agronomie-Sciences des Productions Vegetales et de l' Environnement, 23(5-6): 375-396.

Nicholson R L, Hammerschmidt R, 1992. Phenolic compounds and their role in disease resistance[J]. Annual Review of Phytopathology, 30: 369-389.

Nóbrega F M，Santos I S，Da Cunha M Da，et al.，2005. Antimicrobial proteins from cowpea root exudates：inhibitory activity against Fusarium oxysporum and purification of a chitinase-like protein[J]. Plant and Soil，272(1)：223-232.

Otani T, Ae N, Tanaka H, 1996. Phosphorus (P) Uptake mechanisms of crops grown in soils with low P status[J]. Soil Science and Plant Nutrition, 42(3)：553-560.

Patrick Z A，1971. Phytotoxle substance associated with the decomposition in soilplant reaidues[J]. Soil Science，111(1)：13-19.

Patterson D T，1981. Effects of allelopathic chemicals on growth and physiological responses of soybean (*Glycine max*) [J]. Weed Science，29(1)：53-59.

Pérez P J，Ormeño-Nuñez J，1991. Root exudates of wild oats：allelopathic effect on spring wheat[J]. Phytochemistry，30(7)：2199-2202.

Phillips D A，Fox T C，King M D，et al.，2004. Microbial products trigger amino acid exudation from plant roots[J]. Plant Physiology，136(1)：2887-2894.

Piñeros M A，Magalhaes J V，Carvalho Alves V M C，et al.，2002. The physiology and biophysics of an aluminum tolerance mechanism based on root citrate exudation in maize[J]. Plant Physiology，129(3)：1194-1206.

Piñeros M A，Shaff J E，Manslank H S，et al.，2005. Aluminum resistance in maize cannot be solely explained by root organic acid exudation. A comparative physiological study[J]. Plant Physiology，137(1)：231-241.

Prikryl Z，Vancura V，1980. Root exudates of plants 6. Wheat root exudation as dependent on growth concentration gradient of exudates and the presence of bacteria[J]. Plant and Soil，57(1)：69-83.

Qian J H，Doran J W，Walters D T，1997. Maize plant contributions to root zone available carbon and microbial transformations of nitrogen[J]. Soil Biol. Biochem.，29(9-10)：1451-1462.

Rao J R，Cooper J E，1994. Rhizobia catabolize nod gene-inducing flavonoids via C-ring fission mechanisms [J]. Journal of Bacteriology，176(17)：5409-5413.

Rengel Z，2002. Genetic control of root exudation [J]. Plant and Soil，245(1)：59-70.

Rice E J，Pancholy S K，1974. Inhibition of nitrification by climax ecosystems. Inhibitors other than tannins [J]. Amer J Bot，61：1095-1103.

Römheld V，Marschner H，1986. Evidence for a specific uptake system for iron phytosiderophores in roots of grasses [J]. Plant Physiology，80(1)：175-180.

Rovira A D，1969. Plant root exudates [J]. The Botanical Review，35(1)：35-57.

Scheidemann P，Wetzel A，1997. Identification and characterization of flavonoids in the root exudate of Robinia pseudoacacia [J]. Trees，11(5)：316-321.

Schmidt S K，Lipson D A，2004. Microbial growth under the snow：implications for nutrient and allelochemical availability in temperate soils[J]. Plant and Soil，259：1-7.

Seal A N，Pratley J E，Haig T，et al.，2004. Identification and quantitation of compounds in a series of allelopathic and non-allelopathic rice root exudates [J]. Journal of Chemical Ecology，30(8)：1647-1662.

Shane M W，Cramer M D，Funayama-Noguchi S，et al.，2004. Expression of phosphoenolpyruvate carboxylase and the alternative oxidase[J]. Plant Physiology，135(1)：549-560.

Shen J B，Yuan L X，Zhang J L，et al.，2011. Phosphorus dynamics：from soil to plant[J]. Plant physiology，156：997-1005.

Shi S J，Richardson A E，O′ Callaghan M，et al.，2011. Effects of selected root exudate components on soil bacterial communities[J]. FEMS Microbiology Ecology，77(3)：600-610.

Sánchez-Moreiras A M，Weiss O A，Reigosa-Roger M J，2003. Allelopathic evidence in the Poaceae[J]. The Botanical Review，69(3)：300-319.

Steinkellner S，Mammerler R，Vierheilig H，2008. Germination of Fusarium oxysporum in root exudates from tomato plants challenged with different Fusarium oxysporum strains[J]. European journal of plant pathology，122(3)：395-401.

Tilman D，Cassman K G，Matson P A，et al.，2002. Agricultural sustainability and intensive production practices[J]. Nature，418：671-677.

Tilman D，Reich P B，Knops J，et al.，2001，Diversity and productivity in a long-term grassland experiment[J]. Science，294(5543)：843-845.

Tückmantel T，Leuschner C，Preusser S，et al.，2017. Root exudation patterns in a beech forest: dependence on soil depth，root morphology，and environment[J]. Soil Bio. Biochem.，107: 188-197.

Tyler G，Ström L，1995. Differing organic acid exudation pattern explains calcifuge and acidifuge behaviour of plants[J]. Annals of Botany，75(1)：75-78.

Johnson J F，Vance C P，Allan D L，1996. Phosphorus deficiency in *Lupinus albus* (altered lateral root development and enhanced expression of phosphoenolpyruvate carboxylase) [J]. Plant Physiology，112(1)：31-41.

Walker T S，Bais H P，Grotewold E，et al.，2003. Root exudation and rhizosphere biology[J]. Plant Physiology，132(1)：44-51.

Wu H S，Raza W，Liu D Y，et al.，2008. Allelopathic impact of artificially applied coumarin on *Fusarium oxysporum* f. sp. *niveum*[J]. World J. Microbiol. Biotechnol.，24(8)：1297-1304.

Xiao Y B，Li L，Zhang F S，2004. Effect of root contact on interspecific competition and N transfer between wheat and fababean using direct and indirect ^{15}N techniques[J]. Plant and Soil，262(1)：45-54.

Xu W H，Liu H，Ma Q F，et al.，2007. Root exudates，rhizosphere Zn fractions，and Zn accumulation of ryegrass at different soil Zn levels[J]. Pedosphere，17(3)：389-396.

Ye S F，Yu J Q，Peng Y H，et al.，2004. Incidence of Fusarium wilt in *Cucumis sativus* L. is promoted by cinnamic acid，an autotoxin in root exudates[J]. Plant and Soil，263(1)：143-150.

Yu J Q，1999. Allelopathic suppression of Pseudomonas solanacearum infection of tomato (*Lycopersicon esculentum*) in a tomato-chinese chive (*Allium tuberosum*) intercropping system[J]. Journal of Chemical Ecology，25(11)：2409-2417.

Yu J Q，Ye S F，Zhang M F，et al.，2003. Effects of root exudates and aqueous root extracts of cucumber (*Cucumis sativus*) and allelochemicals on photosynthesis and antioxidant enzymes in cucumber[J]. Biochemical Systematics and Ecology，31(2)：129-139.

Zahar H F，Marol C，Berge O，et al.，2008. Plant host habitat and root exudates shape soil bacterial community structure[J]. The ISME journal，2(12)：1221-1230.

Zhang Y K，Chen F J，Li L，et al.，2012. The role of maize root size in phosphorus uptake and productivity of maize/faba bean and maize/wheat intercropping systems[J]. Science China Life Sciences，55(11)：993-1001.

Zheng Y，Zhang F S，Li L，2003. Iron availability as affected by soil moisture in intercropped peanut and maize [J]. Journal of Plant Nutrition，26(12)：2425-2437.

Zhu H Y，Liu Z D，Wang C R，et al.，2006. Effects of intercropping with persimmon on the rhizosphere environment of tea[J]. Front. Biol. China，1(4)：407-410.

Zhu M Q，Ma C M，Wang Y，et al.，2009. Effect of extracts of Chinese pine on its own seed germination and seedling growth [J].Frontiers of Agriculture in China，3(3)：353-358.

Zhu Y Y，Chen H R，Fan J H，et al.，2000. Genetic diversity and disease control in rice[J]. Nature，406：718-722.

Zuo Y M，Zhang F S，Li X L，et al.，2000. Studies on the improvement in iron nutrition of peanut by intercropping with maize on a calcareous soil[J]. Plant and Soil，220(1)：13-25.

Zuo Y M，Li X L，Cao Y P，et al.，2003. Iron nutrition of peanut enhanced by mixed cropping with maize：possible role of root morphology and rhizosphere microflora[J]. Journal of Plant Nutrition，26(10-11)：2093-2110.

附　录

一、部分根系分泌物中有机酸的色谱图

1、2、3、4、5、6、7、8 分别代表草酸、酒石酸、苹果酸、乳酸、乙酸、马来酸、柠檬酸、富马酸。Ⅰ、Ⅱ、Ⅲ分别代表重复 1、重复 2、重复 3。横坐标轴为保留时间/min，纵坐标轴为电流信号/mAu。

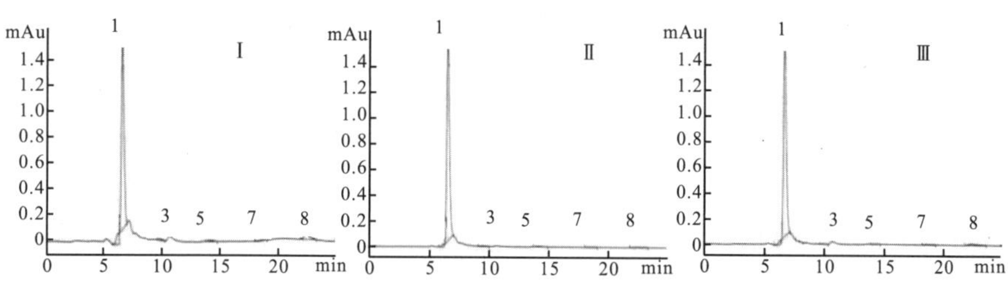

根系分泌物蚕豆单作(分枝期)

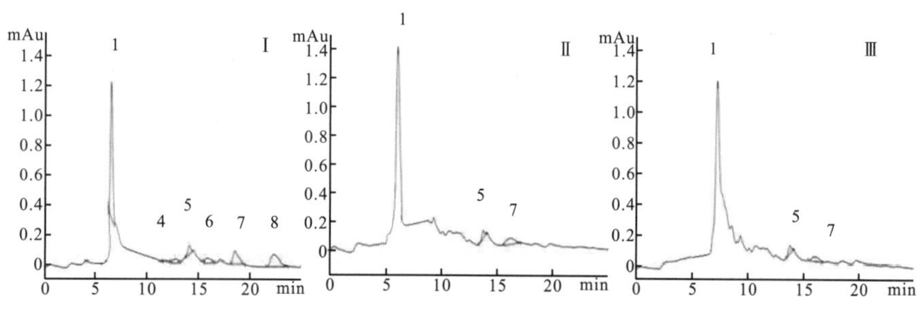

根系分泌物蚕豆单作(开花期)

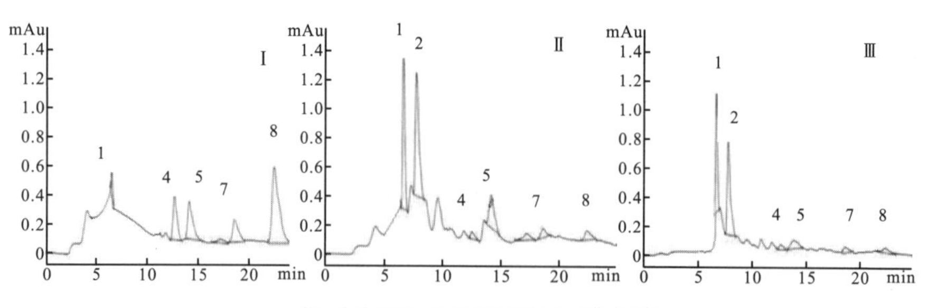

根系分泌物小麦蚕豆间作(拔节期)

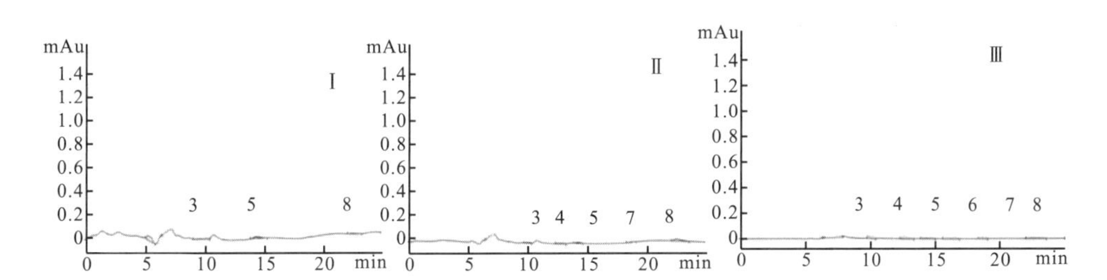

根系分泌物小麦蚕豆间作(分蘖期)

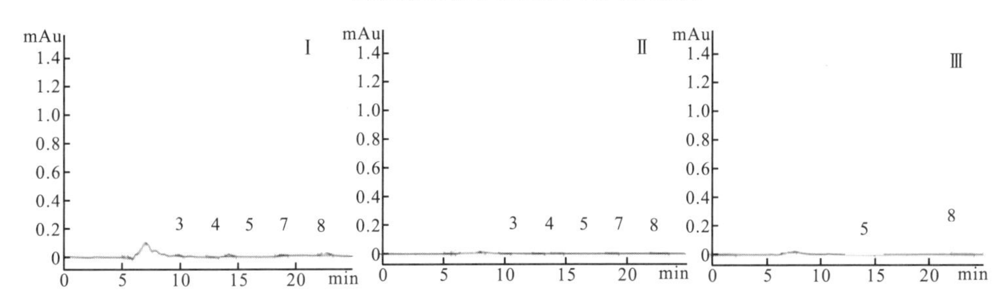

根系分泌物小麦单作(分蘖期)

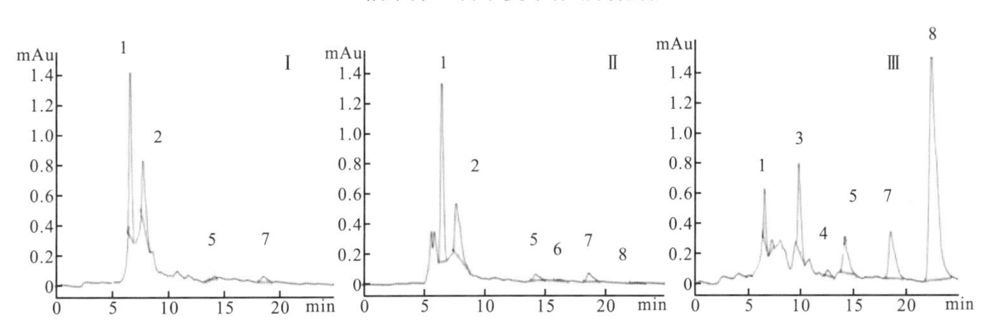

根系分泌物小麦单作(拔节期)

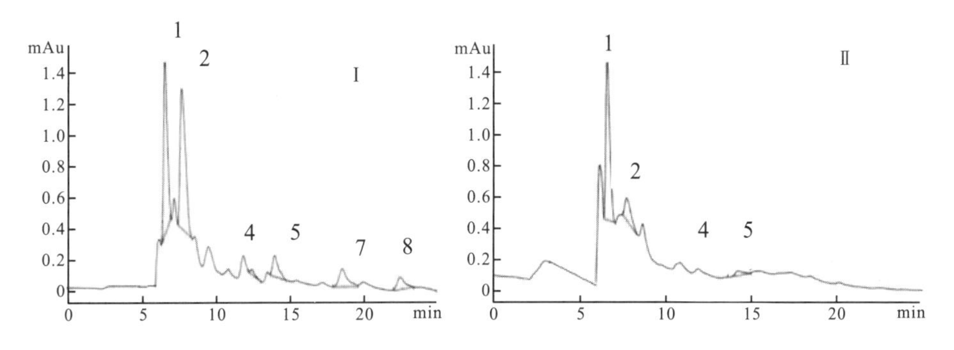

根系分泌物小麦单作(孕穗期)

二、部分根系分泌物及根际土中酚酸色谱图

1、2、3、4、5 分别代表对羟基苯甲酸、香草酸、丁香酸、香豆酸、富马酸。Ⅰ、Ⅱ、Ⅲ分别代表重复 1、重复 2、重复 3。横坐标轴为保留时间/min，纵坐标轴为电流信号/mAu。

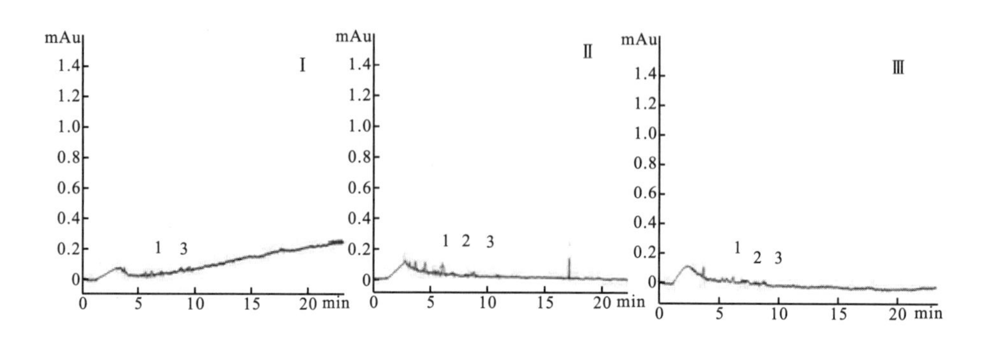

根系分泌物蚕豆单作(分枝期)

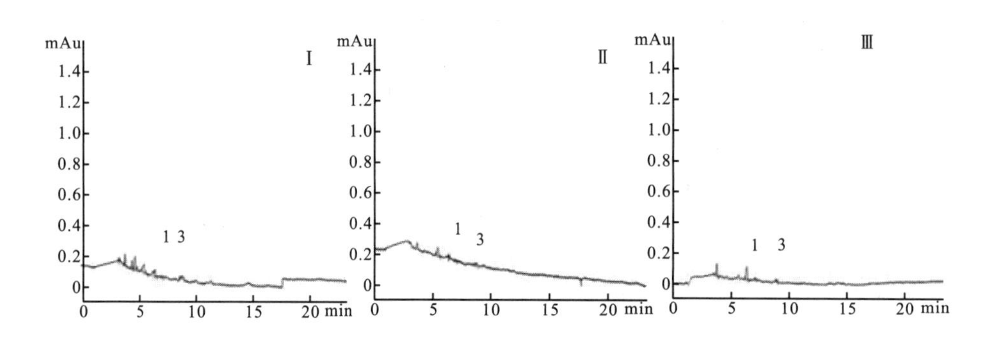

根系分泌物小麦蚕豆间作(小麦分蘖期，蚕豆分枝期)

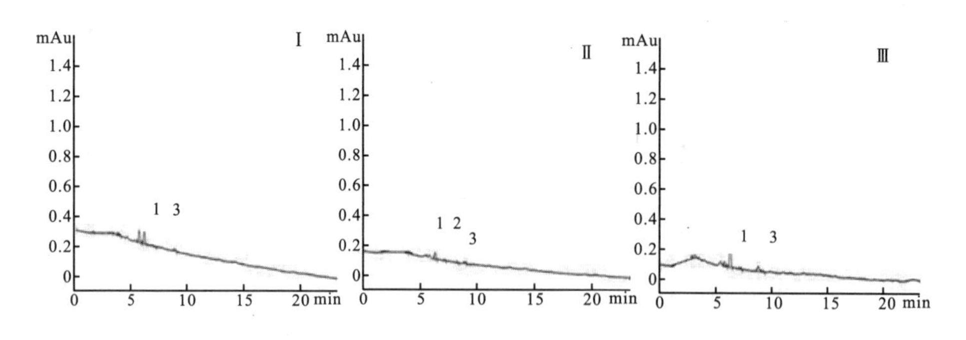

根系分泌物小麦单作(分蘖期)

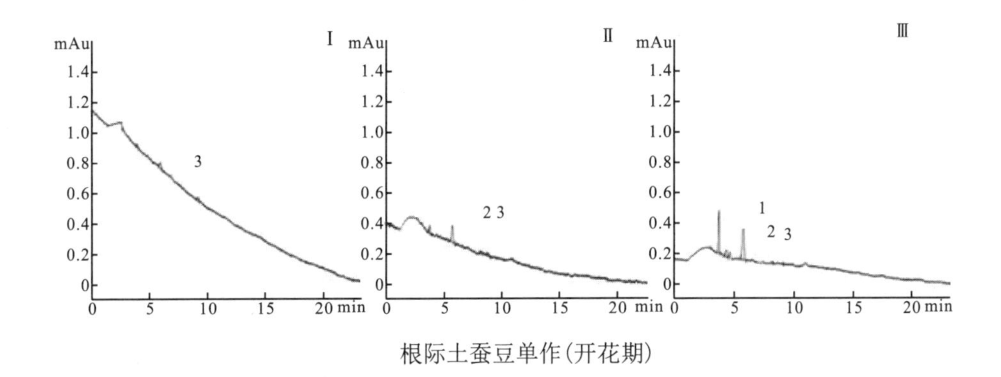

根际土蚕豆单作(开花期)

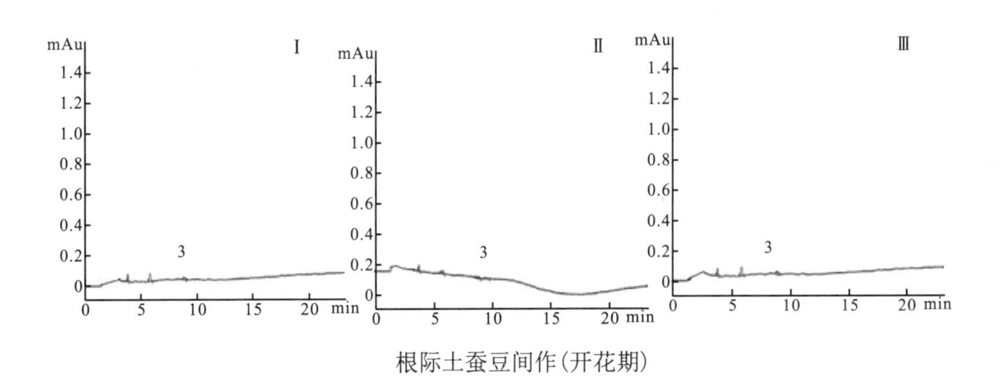

根际土蚕豆间作(开花期)

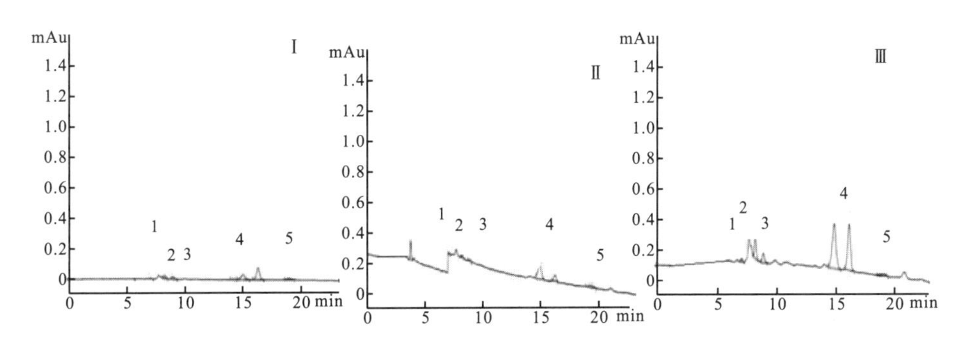

根际土小麦单作(拔节期)

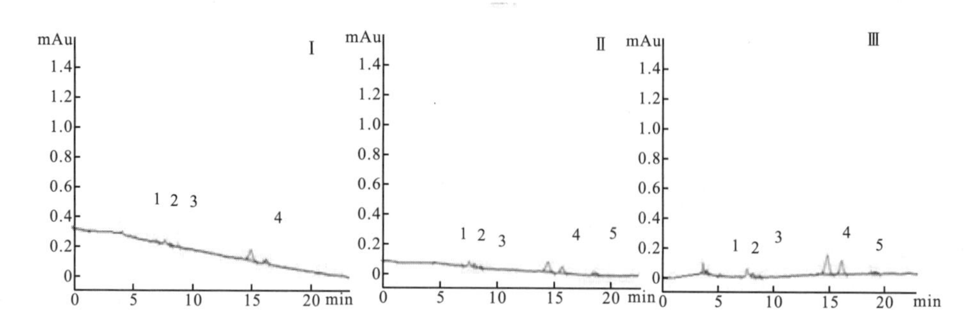

根际土小麦间作(拔节期)

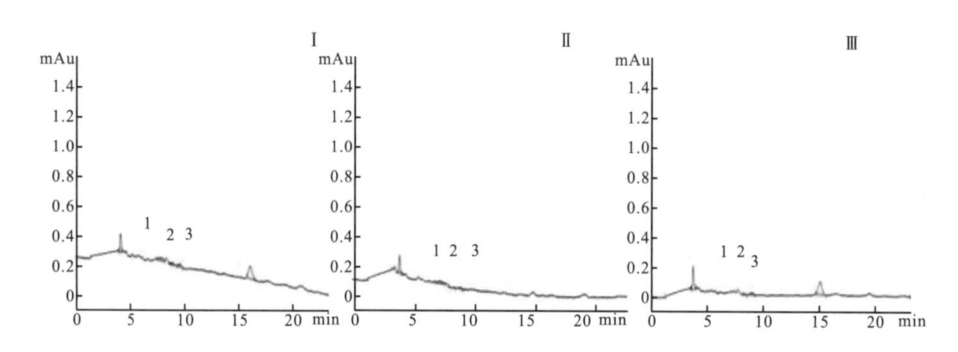

根际土小麦单作(孕穗期)